喝茶的哲学

茶飲みの哲学

冈仓天心
太宰治
吉川英治 等　著

张语铄　译

THE PHILOSOPHY
OF TEA
DRINKING

CS 湖南文艺出版社
HUNAN LITERATURE AND ART PUBLISHING HOUSE

出黄金牙摘鮮焙芳ヲ
旋封裹至精至好且
不奢至尊之餘合王
公何事便到山人家
柴門反関無俗容紗
帽篭頭自煎吃碧雲
引風吹不断白花浮
光凝挽百挽喉物
潤二挽破孤悶三挽
捜枯腸惟有文字五

生不平ノ事盡向毛孔ニ
散ス五挽肌骨清六挽
通ス仙靈ニ七挽吃得不
也唯覚両腋習々清
風生蓬莱山在何處
玉川子乗此清風欲入
帰去ト山上群仙司下
土地位清高隔風雨
安得知百万億蒼生
命堕顛崖受辛苦便
従諫議問蒼生到頭
不得蘇息否ヤト

茶歌　盧仝

日高丈五睡正濃將
軍扣門驚周公口傳
諫議送書信白絹斜
封三道印開緘宛見
諫議面手閱月團三
百片聞道新年入山
裏蟄虫驚動春風起
天子須嘗陽羨茶百
草不敢先開花仁風

卢仝《茶歌》

七碗茶歌（节选）

唐·卢仝

一碗喉吻润，二碗破孤闷。

三碗搜枯肠，唯有文字五千卷。

四碗发轻汗，平生不平事，尽向毛孔散。

五碗肌骨清，六碗通仙灵。

七碗吃不得也，唯觉两腋习习清风生。

茶詩

六羡歌　陸羽

不羡黃金罍不羡白
玉盂不羡朝入省不
羡暮入臺千羡萬羡
西江水曾向竟陸城
下來

陆羽《六羡歌》

六羡歌

唐·陆羽

不羡黄金罍，不羡白玉杯。

不羡朝入省，不羡暮入台。

千羡万羡西江水，曾向竟陵城下来。

柴田是真绘，茶碗

《富岳三十六景：东海道
吉田》，葛饰北斋绘

屋子正面写有"不二见茶屋",根据1844年至1851年
刊行的《参河国名胜图册》,这间茶屋位于现在的爱知县丰
桥市下五井町。

葛饰北斋曾两度前往名古屋,或许去过两次近畿地区,
所以可能去过这间茶屋。

画中,从窗户可以看到富士山。这种构图受到河村岷
雪《百富士》的影响。

骏河国指如今的静冈县东部附近地区。那附近设有名为片仓的地区，有人指出那实际上是静冈县骏东郡清水町的"德仓"，被误刻成"片仓"。

　　骏河是著名的产茶地。富士山上还有积雪，此时应该是春天。画中的茶地上，女性戴着斗笠摘茶，而男性则在运送茶叶。

《富岳三十六景：骏州片仓茶园》，葛饰北斋绘

《煎茶图式》

《煎茶图式》

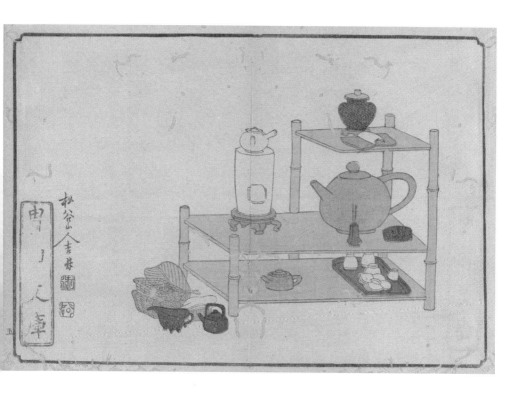

《煎茶図式》

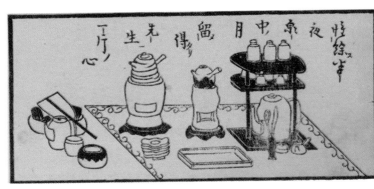

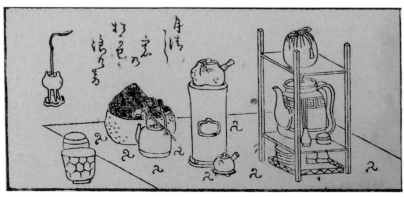

千利休画像

文禄第四乙未歳舍季穐念日

三玄寿金連夢□圖

上宪香供五

宗慶照之請賀仰応一絶係

利休居士肖像当頭信男

斯翁幸日知

旧時姿趙州旦坐喫茶底ヶ不

題上申兼牛甲翁併然遺像

茶汤日日草

水野年方 一

一 水野年方（1866年3月6日—1908年4月7日），本姓野中，通称条次郎或桑三郎，明治时期的浮世绘画师，与冈仓天心、横山大观等人一同尝试创作新日本画。代表作有浮世绘版画《三十六佳撰》《现代美人》等。

　　明治年间，茶道被编入女子学校的教养科目，学习茶道成为当时女子提升教养的重要手段，与过去的侘茶不同，华丽的和服与奢靡的茶事（茶宴）成为这个时代的潮流。

　　浮世绘画师水野年方将日本茶道中"茶事"的流程，绘制成简单易懂的册子《茶汤日日草》，将此时日本茶事中的种种工序展现得淋漓尽致。

备茶具之图

举办茶事是一件大事，事前都会进行慎重、周密的准备。一旦茶事的主题确定，所有与之相关的茶道具都会从木箱中一一取出。图为他们正在准备新年的初釜茶事。

水屋是茶室旁的准备室，用以存放茶器、清洁器具等，所有的器具都要先在此放置妥当。

于水屋准备之图

初座迎客图

茶事一般分为"初座""后座"两段，中间会到茶庭中
休息一阵，谓之"中立"。

主人寒暄图

在等候室中，主人与客人寒暄。

　　正式的茶事往往会持续三四个小时，客人在茶室中享
用的同时，怀石料理也在紧锣密鼓的准备当中。

备餐之图

入席之图

进入茶室之前，要先在茶室外净手、漱口。

　　添炭为茶道中重要的表演技法，若冬季开展茶事，会先进行添炭，把屋子暖热，而后再品食怀石料理。一次茶事，要进行三次添炭，谓之"三炭"，即初炭、后炭、立炭。

添炭礼法图

　　"初炭"后，主人端上怀石料理。"初座"食毕，进入
"中立"。

宴客之图

初座之后，是中间休息时间，客人会来到茶室外抽烟、聊天，等待进入"后座"阶段。

中立休息图

插花换画图

　　客人在外面休息的同时，茶室内也在匆忙准备着，为了使"初座""后座"两个阶段的茶室具有不同的感觉，主人会将壁龛中的挂画取下，换上插花作品。

后座之图

客人们重新入座，称为"后座"。图中主人正准备敲击铜锣，这是通知客人就座的信号，多少客人、敲击几下、轻重如何，这些都有相应的规定。

"中立"为阴阳转换的分界点，"初座"为阴，"后座"
为阳。竹帘子取下，室内由阴暗转为光亮，这是一个重要的
暗示性行为。

取竹帘之图

浓茶之图

后座的重头戏是为客人点浓茶。

广间薄茶图

浓茶过后，再进行一次添炭，而后点薄茶。薄茶席一般
会出现烟草盆，暗示薄茶席的轻松气氛。

归家之图

薄茶之后，茶事结束，主人与客人道别，恭送客人回家。

茶花

北原白秋

自从震灾以来，邻居家的大别墅便可供我自由进出，进去游玩也能随心所欲

所以这个秋日素朴而又悠闲

茶花的寿命不长，它们在秋天盛开，也在秋天凋谢

虽然现在花朵还零零星星，但日渐盛开的茶花之清香也不失为邻家一乐

坐在洒满阳光的庭园中，分来的午饭分量虽不多，但也足矣

到了金秋，园中橘子树上也结出了一颗颗饱满而丰盈的果实

我已深知世事无常，这带有茶花清香的秋日暖阳虽然略带寂寥，却着实叫人心动

常习山水之心总自然而然地被这茶花所吸引

寄居山中，不知日月流逝之时，也是那茶花的香气告诉了我秋日的来临

我时不时在庭园的暖阳中，一点一点地品尝着茶花的味道

迎接冬日暖阳的茶花在破旧的小炉子旁微微抬头，散发清香，而在它的一旁泡茶，就是我最大的乐趣

去寺庙路上盛开的茶花现在也应该渐渐开始凋落了

在茶烟缭绕的草坪中，被阳光照射的部分微微泛红

看着掺杂在枯萎草坪中的豆蔻红叶，我啃了啃手中的饭团

（吾儿总将饭粒撒落在地）

炎炎日光下，我一边劝他心疼心疼沾上饭粒的红叶，一边将饭粒捡起

而在盛开的雏菊花旁，吾儿正持着筷子追赶蜻蜓的影子

（妻子说那雏菊是去年的种子长成的，而我说是今年的）

阳光下微微泛红的枯萎草坪中，茶籽星星点点，看来又到了深秋时节

如果能给拾茶籽的吾儿穿上红色毛衣，一定会更加鲜红烂漫吧

目录

第一章 ※ 茶之书　001

本质上，茶道就是对『不完美之物』的崇拜。因为茶道是一种温柔的尝试，尝试在充满不可能的人生中，完成一些可能的事。

第二章※茶　闲　091

在这个世上，茶的世界最轻松。不必什么事情都强行遵守常识，不需要为欠人情而苦恼。

04

第三章※茶　事　119

無論有多少茶室，多少茶器，点多少抹茶，若是絲毫不理解茶的趣味，不知曉茶道在精神方面的樂趣，那就連入門都沒做到。

第四章 ※ 茶 话　179

无论多么擅长烧制陶器，若是没有为人着想的心，就毫无作用。

第一章 ※ 茶之书

可能的人生中，完

成一些可能的事。

本质上，茶道就是对『不完美之物』的崇拜。因为茶道是一种温柔的尝试，尝试在充满不

人性之碗——

冈仓天心

一个人若是不能感知自己伟大中的渺小，
就容易忽略他人渺小中的伟大。

　　茶，初为药用，后为饮品。在 8 世纪的中国，咏茶作为一项高雅的娱乐活动，跻身诗歌领域。到了 15 世纪，日本将茶提升为一种审美的宗教——茶道。茶道是一种仪式，基于对生活琐事中美的崇拜，恳切地传授人们生活中的纯粹与和谐、互爱的神秘和社会秩序中的浪漫主义。本质上，茶道就是对"不完美之物"的崇拜。因为茶道是一种温柔的尝试，尝试在充满不可能的人生中，完成一些可能的事。

　　茶的基本原理并不仅仅是一般意义上的美感。因为它与伦理和宗教相结合，表达了我们对人与自然的全部观点。它是卫生学，强烈提倡整洁；它是经济学，在简洁中，而非复杂与奢侈中，展现舒适；它是道德几何学，定义了我们对宇宙的比例感。茶道展示了东洋民主主义的真正精神，因为它让所有信徒都成了品味（taste）上的贵族。

　　日本曾长期与世界隔绝，这促进了日本的自我反省，这非常利于茶道发展。我们的住宅、行为习惯、服装、食物、瓷器、漆器、绘画等都受到茶道的影响，就连文学也是如此。如果想研究日本文化，就不能无视茶道的影响。从高贵之人的卧房，到卑微之人的住所，处处可见茶道的影响。我们的农夫懂得插花，出身最卑微的劳工也会向山水致敬。如果一个人对自己人生中的庄谐毫无兴趣，我们会称他"没有茶气"；若是一个人沉浸于自己的情感，对浮世中的悲剧毫不动容，我们就会说他"茶气过盛"。

对这种看似夸张的做法，旁人可能会感到不可思议，从而感慨："一杯茶而已，何必如此夸张？"但细细想来，人类享受的茶碗是极小的，小到盛不下多少泪水，在我们对无限的无尽渴望中，一口见底。因此，我们不该为制作了很多的茶碗而自责，何况人类已经做了更为糟糕的事情。为了祭拜巴克科斯（Bacchus），毫不犹豫地过度上供；甚至还美化了战神马尔斯（Mars）的残暴形象。既然这样，我们为何不献身茶花女王，尽情享受祭坛中传来的温柔体恤。象牙色瓷器的液体琥珀中，精通茶道之人甚至可能体会到孔子那惬意的沉默、老子的寂静以及释迦牟尼的超凡幽香。

一个人若是不能感知自己伟大中的渺小，就容易忽略他人渺小中的伟大。普通的西方人因为自满，看到茶道时，只会将其视为东洋的千百怪癖之一，认为它体现了东洋的奇特与幼稚。其实茶道之中呈现了许多生活艺术，却几乎没有得到关注。如果必须凭借血腥战争的荣耀，来成为文明国家，那我们宁愿永远做一个野蛮之国。我们愿意等待一个时代，在那里，我们的艺术和理想将得到应有的尊重。

西方什么时候才能理解东方？或者试图理解东方？西方用事实和幻想，对我们编织出神奇的印象之网。我们亚洲人经常对此感到震惊。在这些描述中，我们要么与老鼠、蟑螂同住，要么生活在莲花的芳香中。这要么是毫无意义的狂热信仰，要么是心怀蔑视的感官享受。印度人的灵性被嘲笑为无知，中国人的持重被嘲笑为愚蠢，日本人的爱国主义被嘲笑为宿命论的结果。更有甚者称，我们由于神经组织麻木，感受不到多少伤痛！

西方的各位，尽情通过谈论我们的事情来取乐吧！亚洲会回敬你们。如果知道我们是如何想象和描述你们的，你们就会得到更多有趣的话题了。你们沉醉于陌生的事物，不知不觉地为奇观折服，又对不了解的新事物暗含敌意。我们为你们添上高尚的道德，高尚到我们难以企及；披上美丽的罪行，美丽到无法责难。过去，日本见多识广的文人曾说，你们在衣服里藏着毛茸茸的尾巴，经常吃用婴儿做的炖肉丁。不只如此，还有更糟的，我们曾认为你们是世界上最不靠谱的人种。因为据说你们总是把绝不会做的事情挂在嘴边。

我们对西方的这种误解正在快速消失。因商业需要，东方的许多港口开始使用欧洲的语言。亚洲的年轻人为接受现代化教育，纷纷进入西方的大学。我们无法洞悉你们的文化，但至少我们愿意学习你们的文化。我的一些同胞吸收了太多你们的习惯和礼仪，他们幻想着，穿着硬领，戴上高礼帽，就能获得你们的文明。他们的行为令人悲愤填膺，但也证明了我们愿意屈膝接近西方文明。不幸的是，西方的态度却不利于了解东方。基督教的传教士来东方的目的是传教，而非接受知识。你们的信息要么来自途经东方的旅人那不靠谱的轶事，要么来自对我们著作的翻译，然而这类翻译文献数量少，质量差。很少有人能像拉夫卡迪奥·赫恩（Lafcadio Hearn）和《印度人的生活网络》[1]的作者那样，挥动侠义之笔，用我们自己的情感火炬，照亮东方的神秘面容。

我说得很直率，这或许表明了我自己对茶道的无知。茶道的高雅精神，要求只说人们想听的话。但在这里，我也不打算做个优秀的茶人。新旧两个世界之间的误解已经带来了巨大的灾难，所以人们为促进相互了解而尽微薄之力时，无须对此作出解释。如果俄国谦逊地进一步了解日本，20世纪初的那次血腥战争或许就不会出现了。轻视东方问题给人类带来了多么严重的后果啊！欧洲的帝国主义毫不羞耻地高喊"黄祸"这样的荒唐话，却不知道，亚洲可能也会认清"白祸"的残酷。你们或许在嘲笑我们"茶气过盛"，我们也会认为你们西方人天生"没有茶气"。

---

1 ◎《印度人的生活网络》（*The Web of Indian Life*）的作者是尼维迪塔修女（The Sister Nivedita）。

东西大陆别再相互讽刺了！双方互惠互利，即便不能变得更聪明，也会变得更加温和。我们虽然经由不同的道路发展至今，但可以互相取长补短。你们实现了扩张与发展，但失去了内心的平静；我们创造了和谐，但难以抵御侵略。你们相信吗？在一些方面，东方比西方更优秀！

不可思议的是，人性已经在茶碗中相遇了。亚洲的仪式中，只有茶道得到了普遍的尊重。白人嘲笑我们的宗教与道德，却毫不犹豫地接受了这种褐色的饮料。在如今的西方社会，下午的饮茶起到重要作用。茶托和茶碗相碰，发出轻微的叮当声；女主人热情地招待客人，衣服发出轻柔的沙沙声；主人询问是否需要糖与奶油，客人作出回答。从这些地方都无疑体现出了人们对茶的崇拜。煎茶的过程中，客人不知味道是苦是甜，顺应命运。这种哲学意义上的"顺应"体现出，在这件事情中，可见东方的精神至高无上。

据说，在欧洲，关于茶的最早记载出自一位阿拉伯旅行者的故事。这个故事中写道，公元879年以后，广东的主要财政收入来自茶税和盐税。马可·波罗（Marco Polo）记载称，中国的一位财政大臣因随意增加茶税，在1285年被罢官。到了地理大发现时期，欧洲人开始更加深入地了解远东地区。16世纪末，荷兰人带回了一个消息：在东方，人们用灌木的叶子制成一种可口的饮料。旅行者赖麦锡（Ramusio, 1559）、阿尔梅达（L. Almeida, 1576）、马费诺（Maffeno，1588）、塔雷拉（Tareira，1610）也提到了茶。
1610年，东印度公司的商船将茶首次带到欧洲。茶在1636
年传入法国，1638年传入俄国。1650年，英国也迎来了茶，
英国人称之为"所有医生都推荐的优秀中国饮料。中国人
称之为茶（Tcha），其他国家称之为'Tay'或'Tee'"。

　　与所有美好事物一样，茶在传播过程中也曾遭到反对。
这样的异端分子，比如萨维尔，指责喝茶是一种肮脏的习
俗；汉韦（Jonas Hanway，《论茶》，1756）称，喝茶会让
男人变矮变丑，让女人失去美貌。最初，茶十分昂贵（1磅
约15—16先令），一般人消费不起，高昂的价格使茶成为
"王室的宴会用品，或是王公贵族之间互赠的礼品"。尽管
面临着如此不利的条件，茶还是以惊人的速度传播开来。
18世纪上半叶，伦敦的咖啡馆实际上变成了茶馆，艾迪生
（Addison）和斯梯尔（Steele）等文人流连于此，通过喝茶
来消遣时光。这种饮料很快成了生活必需品，也成了课税
的对象。关于此事，我们不禁想起，茶在现代的历史中扮
演了多么重要的角色。美洲殖民地的人们一直甘于被压迫，
直到沉重的茶税让他们忍无可忍。他们把茶叶箱扔进波士
顿港，自此迈上了美国独立之路。

　　茶的味道有种微妙的魅力，让人难以抗拒，还使得茶
可以被理想化。西方的幽默作家很快就将思想的芳香和茶
香混合到一起。茶不像酒那么傲慢自大，不像咖啡那样关
注自我，也不像可可那样天真简单。早在1711年，《旁观

者》杂志就刊载过这样一段话："因此，我想建议所有拥有良好生活规律的家庭，每天早上用一个小时来享受茶、面包和黄油。此外，我发自内心希望他们把这份报纸当作饮茶的必备品，命人按时备好。"约翰逊（Samuel Johnson）称自己是"一个固执且厚颜的饮茶之人。20年来，只用这种具有魔力的植物来给饭食解腻。茶陪自己享受黄昏，在深夜安慰自己，陪自己迎来清晨"。

兰姆（Charles Lamb）自称是茶道的狂热爱好者，他曾写道：最快乐的事情就是秘密地做好事，然后被偶然发现。这句话体现了茶道的真义。因为茶道就是一门这样的艺术，它隐藏你可能发现的美，又暗示你不敢显露的美。它是自嘲的崇高奥义，这种自嘲冷静而彻底，因此它就是幽默，也就是微笑的哲学。在这个意义上，所有真正的幽默作家都可谓是茶人，比如萨克雷（Thackeray）、莎士比亚（Shakespeare）当然也是。在与物质主义斗争的过程中，颓废派诗人（世界何时不颓废？）在一定程度上接受了茶道。或许，正是因为我们如今认真审视这种"不完美"，东西方才得以相遇，相互安慰。

道教说，在"无始"的最初，精神与物质决一死战。最终，太阳神黄帝战胜了黑暗与大地之神祝融。垂死的痛苦中，魁梧的祝融一头撞向天穹，把碧玉穹顶撞得粉碎。于是，群星流离失所，月亮在孤寂的夜空中游荡。绝望的黄帝四处寻找补天之人。最终，他找到了！那是从东海中

璀璨升起的女皇——女娲。她头顶角，尾似龙，身着火焰
盔甲，光彩照人。她用神锅炼成五色彩虹，修补了中国的
天。但据说，女娲忘记修补天上的两个小裂缝，于是，爱的
二元论诞生了。两个灵魂在空间中游荡，不知何时能停下。
终于，他们相遇了，形成了完整的宇宙。我们每个人都必
须重建自己希望与和平的天空。

　　为获得财富和权力，人们疯狂争斗。这已经使现代人
人性的天空变得支离破碎。世界在利己和庸俗的阴影下胡
乱摸索方向。人们想要获得知识，就得有愧于心。行仁义
之事，也是为了实际利益。东西方宛如被丢进汹涌大海的
两条巨龙，为了夺回生命宝石，徒劳地争斗着。我们需要
一位女娲来修补这个破乱的世界。我们等待天神下凡拯救
人间。在等待的时候，喝一口茶吧。午后的阳光为竹林披
上金装，泉水欢快地舞蹈，茶壶中飘来松籁。让我们想望
着无常与缥缈之事物，流连于细微的美吧。

急
烧

茶的流派——

冈仓天心

茶不仅是理想的典范，
更是关于生活艺术的宗教。

茶是艺术品，唯有大师之手，才能展现它最高雅的特性。画作有优劣之分，而劣作居多，茶也有好有坏。正如提香与雪村的杰作并无规律可循，制理想的茶，也没有单一的配方。每一次备茶过程都有独特的性质，茶与水和热结合的方式各不相同，伴随着世代相传的记忆，以不同的方式诉说故事。真正的美总是藏于其中。关于生活与艺术的这个法则如此简单而重要，社会却一直没有注意到它，我们为此承受了多少的苦难。宋代诗人李日华[1]曾哀叹道，世上有三件最悲伤的事情：错误的教育毁掉了优秀的青年，庸俗的品位糟蹋了名画，拙劣的手法浪费了好茶。

与艺术一样，茶也分时期与流派。可以将其演变进程粗略地分为三大时期：煎茶时期、抹茶时期和泡茶时期。我们现代人属于最后一派。每一种品茶方式都暗示着那个时代的主流精神。因为生活就是内心的舞台，不经意的行为总是展示着我们内心最深处的想法。孔子曰："人焉廋哉？"或许，我们因为少有可以隐藏的伟大，所以在小事上

1◎李日华：字君实，号竹懒，生于明代，而非宋代。

过分表现自己。每天发生的小事与最高境界的哲学和诗歌一样，也展现了一个人种的理想。欧洲各时代、各国国民喜欢不同种类的葡萄酒，这体现了不同时代、不同国家国民的特质。同样，人们理想的茶也体现了各式东洋文化的特征。煎饼茶、点茶粉与泡散茶，分别揭示了唐、宋、明的精神。借用在艺术领域已经被滥用了的分类，可以把这些茶的流派分别称为古典派、浪漫派和自然派。

有一种茶树原产于中国南部，中国的植物学界和医学界早就熟知这种茶树了。在古典作品中，它还被称作蔎、荈、槚、茗，因能消疲怡神，明目护眼，增强意志，而备受推崇。它不仅用作内服药，还经常用作外敷药，来缓解风湿痛。道教徒称它是长生不老药的重要成分，佛教徒在长时间禅定时用它来提神醒脑。

公元4、5世纪时，茶已经成为长江流域居民喜爱的饮料了。到了这个时候，现代使用的表意文字——"茶"才被创造出来。很明显，"茶"是"荼"的俗体字。南朝的诗人留下的诗句中，可以看到他们对这种"液体翡翠泡沫"的狂热崇拜之情。帝王还会把茶赐给立功的高官。不过，这个时期的饮茶方式还极为原始。先把茶叶蒸熟，捣末，制成茶饼，然后加入米、姜、盐、橘皮、香料、牛奶一起煮，有时还会加入洋葱！如今的西藏人和蒙古各部落还保持着这种习惯，他们用这些原料制成了一种奇特的糖浆。俄国人从中国商队那里学会饮茶，他们饮茶时会加入柠檬片，这就是古代饮茶方式留下的印迹。

唐朝的时代精神把茶从原始状态中解放出来，提升到理想境界。8世纪中叶，茶道的鼻祖——陆羽[2]登上历史舞台。他出生在儒释道相互融合的时代。泛神论的象征主义催促人们从特殊事物中寻找普遍性。诗人陆羽在茶汤中发现了支配万物的和谐与秩序，他以著作《茶经》（《茶之圣经》）制定了茶道的规范。自此，他被敬为中国茶商的守护神。

《茶经》共三卷十章。第一、二、三章中，陆羽分别论述了茶之源、制茶之器具、制茶之法[3]。据他所言，质量最好的茶叶"如胡人靴者蹙缩然[4]，犎牛臆者廉襜然[5]，浮云出山者轮囷然[6]，轻飙拂水者涵澹然[7]。又如新治地者，遇暴雨流潦之所经[8]"。[9]

第四章列举并介绍了二十四种茶器。从风炉[10]讲起，最后讲到用来装所有器具的都篮。在这里，我们可以发现，

2 ◎陆羽：字鸿渐，号桑苎翁，唐德宗时人。
3 ◎《茶经》中记载的是：一之源，二之具，三之造。
4 ◎靴：指鞋帮高的鞋子。"蹙缩"表示靴子上缝线的地方皱缩。
5 ◎犎牛：一种野牛。"廉襜"指衣服等带锁边与褶皱等，在这里表示犎牛胸前的褶皱。
6 ◎轮囷：表盘曲貌，在这里形容云向上飘的样子。
7 ◎涵澹：指水激荡貌，这里形容微波荡漾。
8 ◎这句话意思是：新整的土地上没有砖瓦，地面柔软，留有雨水的痕迹。"潦"指路上的流水。
9 ◎陆羽的原文中，在"又如新治地者"之前，还有一句："有如陶家之子罗，膏土以水澄泚之。"
10 ◎风炉：放炭火的炉子。因为有通风，所以被称为"风炉"。

陆羽偏爱道家的象征主义。这方面还有个颇有意思的事情，那就是可以观察茶对中国瓷器的影响。关于中国的瓷器，众所周知，在唐代，因为人们尝试再现玉的精美色泽，所以南方的青瓷和北方的白瓷便诞生了。陆羽认为，青色是茶碗理想的颜色，青色会让茶显得更加翠绿，而白色则会给茶添上一层粉红，让茶看起来难喝。这是因为他用的是饼茶。后来，宋代的茶人开始使用茶粉，他们喜欢蓝黑色和深棕色的厚重茶碗。而到了明代，人们喜欢用轻巧的白瓷来泡茶。

第五章中，陆羽记载了制茶方法。他去除其他所有原料，只保留盐。此前，水的选择和煮沸程度的问题备受关注，他也详细地探讨了这些问题。据他所言，山泉为上品，江水为中品，井水为下品。而沸腾有三个阶段：一沸时，水面升起鱼目大小的气泡；二沸时，泉水喷涌，成串的水晶珠子[11]在锅边翻滚；三沸时，锅中仿佛巨浪翻腾。将饼茶烤得如婴儿手臂那样柔软，然后用上好的纸袋装起来，碾成末。一沸加盐，二沸加茶，三沸向锅中加入少量凉水，让茶叶沉下去，保养"水之华"。然后将茶倒入茶碗，饮下。真是琼浆玉液啊！近乎透明的茶叶宛如飘在晴空的鳞

---

11 ◎水晶珠子：把水沸腾的样子比作泉水，把气泡很多的样子比作成串的水晶珠子。

云[12]，又好似躺在翠绿水湄上的睡莲[13]。唐代诗人卢仝为它写道：

> 一碗喉吻润，二碗破孤闷。三碗搜枯肠，唯有文字五千卷。四碗发轻汗，平生不平事，尽向毛孔散。五碗肌骨清，六碗通仙灵。七碗吃不得也，唯觉两腋习习清风生。蓬莱山，在何处？玉川子，乘此清风欲归去。

《茶经》剩余章节中，陆羽论述了普通饮茶方法的庸俗之处，简单地介绍了著名茶人的事迹，还记录了中国的著名茶园、制茶过程的所有可能的变化、茶具的插图。不幸的是，最后一章失传了。

《茶经》问世时，一定引起了相当大的轰动。陆羽得到唐代宗（762—779）的支持，声名远播，吸引了许多门人弟子。有的茶人甚至能分辨陆羽的茶与其弟子的茶。有位官员甚至因为没品出陆羽的茶而"名垂青史"。

宋代流行抹茶，人们创立了茶的第二个流派。把茶叶放在小臼中磨成细粉，备好茶末后，注入沸水，用竹子制成的精巧工具来搅拌。因为出现了这种新方式，陆羽所说

---

12 ◎鳞云：《茶经》中的原文是：如晴天爽朗，有浮云鳞然。
13 ◎睡莲：《茶经》中的原文是：其沫者，若绿钱浮于水渭。"渭"应该是"湄"。

的茶叶选择方法和茶具也发生了变化——人们不加盐了。宋人对茶拥有无尽的热情。文人雅士比赛寻找新的茶叶品种，定期斗茶，一较高下。宋徽宗（1101—1125）是一位杰出的艺术家，这导致他无法成为优秀的君主。他不惜用珍宝来获得稀有品种的茶，并且自己写下一篇文章，来论述24种茶。这24种茶中，他认为白茶是最珍贵、最上乘的茶。

正如宋人和唐人的人生观不同，二者关于茶的理念也不同。宋人把前人试图象征化的事物具体化。在新儒家看来，宇宙的法则并不反映到现象界，现象界就是宇宙法则本身。道家认为，永世只是刹那，涅槃就在我们的掌握之中，不朽在于无穷的变化。这种观念贯穿在宋人所有的思维方式中。有意义的是过程，而非结果；重要的是如何完成，而非已经完成。人们开始直面自然。生的艺术中，萌生出新的意义。茶不再是诗意的消遣对象，而是人们认识自我的方式。王元之赞美茶宛如直言，直击灵魂，轻微的苦涩好似良言的余味。茶拥有纯净的力量，苏东坡对此写道，茶像真正有德的君子，不受污染。佛教徒中，南方的禅宗吸收了许多道教的教义，他们创建了复杂而精美的茶仪式。僧人们聚集到菩提达摩像前，共用一个碗饮茶，这是一场圣礼，包含着深奥的仪式。最终，在15世纪，这种禅宗仪式发展成为日本的茶道。

不幸的是，13世纪，蒙古族突然崛起，元朝统治者的暴政摧毁并征服了宋朝，宋代的文化成果也遭到破坏。在15世纪中叶，尝试复兴国家的明朝陷入内乱。到了17世纪，清朝统治，风俗习惯完全改变了。人们忘记了茶粉。明代的一位训诂学者难以想象宋代典籍提到的茶筅的模样。现在喝茶的方式是把茶叶放在碗里或杯里，加入热水泡着喝。西方世界不知道更古老的喝茶方式，这是因为欧洲在明朝末期才知道茶。

对后世的中国人而言，茶虽是美味的饮料，却不具备茶的理念了。国家长期陷于灾难，人们失去追寻人生意义的热情。他们变成现代人了，也就是说，他们老了，清醒了。幻想为诗人与古人提供了永恒的青春活力。而现在，他们不崇拜幻想了，他们成了折中主义者，彬彬有礼地接受天地万物的传统。与自然嬉戏，却不会想征服自然，或是崇拜自然。他们的茶叶散发着鲜花般的香气，很是美妙，但在茶杯中，却找不到唐宋茶汤的浪漫了。

日本一直紧跟中国文明的脚步，熟知这三个阶段的茶。据文献记载，早在729年，圣武天皇便在奈良的宫殿中向百位僧人赐茶。这些茶叶是遣唐使带回日本的，制备时采取了当时的主流方法。公元801年，最澄高僧带回茶种，种在睿山上。后来，茶成为贵族与僧侣喜爱的饮料，日本出现了许多茶园。荣西禅师为研究南方禅宗而前往中国，他在1191年回日本时，把宋代的茶带到日本。他带回的新品种被成功地种在三个地方。其中一处就是京都附近的宇治，宇治如今仍是享誉世界的名茶产地。南宋的禅宗以惊人的速度传播开来，宋代的茶仪式与茶的理念也不断扩大影响力。到了15世纪，在幕府将军足利义政的支持下，茶道成熟了，并且成为独立的世俗活动。此后，茶道在日本深深扎根。中国后来的泡茶在17世纪中叶才传到日本，日本人也是在近期才开始使用这种方式的。在日常生活中，泡茶已经取代了点茶，但点茶在茶界仍占重要地位。

在日本的茶道中，我们能看到茶之理念的巅峰。1281年，日本成功击退了蒙古的入侵，这使得因游牧民族入侵而中断了的宋代文化运动，得以在日本继承下来。对我们而言，茶不仅是理想的典范，更是关于生活艺术的宗教。人们借茶来致敬纯粹与高雅，举办神圣的仪式，在仪式上创造出世间最高的幸福。人生宛如沉闷的荒野，茶室则是这片荒野上的绿洲，疲惫的人们相聚在此，共饮艺术鉴赏之泉，滋润身心。茶会是一场即兴戏剧，以茶、花、画为主题。没有一种颜色会打乱房间的色调，没有一个音调会搅扰事物的节奏，没有一个姿势会损伤整体的和谐，没有一句话语会破坏周围的统一，所有的动作都简单而自然，这就是茶会的目标。不可思议的是，这些目标常常都会成功。在那背后，潜藏着不易察觉的哲学。茶道就是戴了面具的道家。

道与禅——

冈仓天心

茶道的所有理念都出自禅的一种观念

——人生琐事中见伟大。

　　世人熟知茶和禅的关系。我们已经提过，茶道是从禅宗的仪式发展而来的。道教创始人老子也与茶的历史密切相关。中国有一本关于风俗习惯的教材，书中记载，为客人上茶这种礼仪始自关尹[1]，他是老子的高徒，关尹曾在函谷关向"老哲人"敬上金色的仙药。我们应当考证这种故事的真实性，这很有价值，因为这会证明道教徒早就使用这种饮料了。不过，先不谈这个问题，关于道和禅，我们感兴趣的主要是关于人生与艺术的思想，而这些思想都体现在茶道中。

　　遗憾的是，至今为止，少有外语作品能充分展示道家和禅宗的学说。尽管一些尝试值得称赞。[2]

　　翻译就是背叛。正如一位明朝作家所言，最好的翻译成果也只不过是锦缎的反面，所有的线都在，但失去了颜色与设计的精妙之处。不过，毕竟哪有容易阐明的伟大学说呢？古代的圣人绝不会把他们的学说整理成体系。他们

---

1 ◎关尹：关令尹喜，周朝的哲学家，姓尹，名喜，是守关的官吏，因此被称为关尹子。

2 ◎比如说保罗·卡鲁斯（Paul Carus）所作的《道德经》。

担心只道出片面的真理，所以说着反论。他们开始说话时像是傻瓜，但说完后却令听众变得聪明。老子以幽默而机智的方式说道："下士闻道大笑之，不笑不足以为道。""道"的字面意思是"道路"（path）。它被翻译成很多词，比如the way（路途）、the absolute（绝对）、the law（法则）、nature（自然）、supreme reason（最高理性）、the mode（方式）等，这些也并没有译错，因为道家会根据探讨的主题，在不同的意义上使用这个词。关于"道"，老子本人说道：

> 有物混成，先天地生，寂兮寥兮，独立而不改，周行而不殆，可以为天地母。吾不知其名，字之曰道，强为之名曰大。大曰逝，逝曰远，远曰反。

"道"，与其说是"道路"（path），不如说是"通道"（passage）。"道"是宇宙变化的精神——循环往复，永不停息。道家喜爱龙的标志，"道"像龙一样盘曲，又如云一般舒卷。"道"可谓是"大化"（the great transition）。主观而言，它是宇宙之气，它的绝对就是相对。

首先应当记住一件事情，道家与其正统的继承者一样，表现出中国南方的个人主义倾向。这与中国北方以儒家为代表的集体主义思想大相径庭。中国地域辽阔，与整个欧洲一般大，横贯其间的两大水系代表着两个具有不同特质的地区。长江和黄河分别相当于地中海和波罗的海。如今，虽然中国已经统一了几个世纪，但在思想与信仰上，南方人还是和北方人不同，就像拉丁人不同于条顿人那样。在通信远比如今困难的古代，尤其在封建时代，这种思想上的差异最为明显。不同地区的诗歌基调相去甚远。看一下老子及其弟子，还有长江流域自然诗人的先驱——屈原，我们能在他们身上发现一种理想主义，这完全不同于同时期北方作家身上那种乏味的道德思想。附带说一句，老子是公元前5世纪的人。

早在老子（又名老聃）出生前，道家思想或许已经萌芽了。中国古代的记录，特别是《易经》，已经蕴藏老子的思想。然而公元前12世纪，周朝建立了[3]，中国古典文明发展到高峰，法律和习俗得到极大的重视，这长期阻碍了个人思想的发展。随着周朝瓦解，独立的小国林立，自由的思想犹如雨后春笋般涌现，这时，老子的思想才得以迅速发展。老子和庄子都是南方人，也都倡导新学派。而孔子和他的众多弟子则立志保持祖先留下的习俗。若想理解道家思想，必须要了解一些儒家思想。反之亦然。

我已经说过，道家所说的绝对就是相对。在伦理学上，道家抨击社会的法律与道德规范，因为对他们而言，正邪善恶只不过是相对的概念。定义就是限制，"固定的"和"不变的"只是表示停止的词语。屈原曾说："夫圣人者，

3◎目前，一般认为周朝建立于公元前11世纪。

能与世推移。"[4]我们的道德准则依据社会过去的需要，但社会应该一成不变吗？若想保持社会的传统习惯，不免要不断为国家而牺牲个人。为了维护巨大的错觉，教育上鼓励一种无知。不教导人变得高尚有德，而是教导人们举止得体。我们因为自我意识太强，所以作恶；因为知道自己是恶的，所以绝不原谅别人；因为害怕告诉别人真相，所以认为自己有良知；因为害怕承认真相，所以把骄傲当作借口。如果这个世界本就是荒谬的，人还怎能认真对待这个世界？物物交换的精神充斥着这个世界。什么正义！什么贞操！看啊，得意的推销员正在贩卖真与善。人们甚至还能买到所谓的"宗教"，这种"宗教"实际上就是普通的道德规范，只不过人们用鲜花和音乐给它披上了神圣的外衣。剥去教堂的饰物，看看还剩什么吧！然而令人惊讶的是，宗教托拉斯[5]却在蓬勃发展。因为代价低得离谱，一次祷告就能得到天堂的门票，一纸文书就能证明自己是荣誉公民。快点藏起你的能力吧！如果这个社会知道你真的有用，你很快就会被公开拍卖，落入出价最高人之手。为何男人和女人如此喜欢夸耀自己？这不就是从奴隶时代延续下来的本能吗？

　　道家思想不仅指导了后来发生的各种运动，还超越了

4◎屈原的原文是：夫圣人者，不凝滞于物，而能与世推移。

5◎托拉斯（trusts）：指同产业的多个企业为垄断市场而在资本上联合的组织，这里的"宗教托拉斯"指大型宗教组织。

当时的思想，由此可见，道家思想极具活力。秦朝一统中国，"中国"之名也在此时诞生。在这个时期，道家是一股活跃的力量。我们如果有时间，可以看看道家如何影响那个时代的思想家、数学家、法学家、军事家、玄学家、炼金术师，还有后世长江流域的自然诗人们，就会感到很有意思。我们也不能无视那些怀疑"白马非马，坚石非坚"的实在论者[6]，也不能忽略那些和禅宗思想家一样，热衷于探讨纯粹与抽象问题的六朝清谈家。我们尤其应该在一件事情上致敬道家，那就是道家推动了中国国民性的形成，它赋予了中国人"温润如玉"的谦逊态度和矜持的性格。在中国历史上，有很多道家子弟，包括王公贵族与独居隐士在内，遵循道家学说，引起各种有趣的结果。这些故事一定既有趣，又有教育意义，包含着丰富的趣事、寓言和警句。我们很想和那位可爱的皇帝交谈，他从未死亡，因为从未出生；我们可以与列子一同乘风，体会寂静无为，因为我们就是风；或是与河上公一同住在半空中，他不属于天，也不属于地。在现在的中国，有一些徒有其名的奇怪的道家教派，但即便在这些教派中，我们也能看到其他任何教派都没有的丰富意象。

　　不过，道家对亚洲人生活的主要贡献是在美学领域。中国的历史学家把道家思想称为"处世之道"，因为道家关注的是当下，是我们自身。在这里，神和自然相会，过去与未来分离。"当下"是不断移动的"无穷"，是"相对性"的合法范围。"相对性"寻求"调整"，"调整"就是"艺术"，生活艺术便是不断根据周围的环境来调整自身。道家原原本本地接受这个世界，而儒家和佛教则不是这样，他们努力在尘世中发现美。宋代有一幅寓意画，名为《三酸图》，这幅画很好地解释了三家学说的倾向。从前，释迦牟尼、孔子和老子[7]站在一缸醋前，分别用手蘸醋来品尝，这缸醋象征着人生。结果，孔子觉得酸，佛陀觉得苦，而老子说它是甜的。

　　道家主张，如果每个人都与整体保持协调统一，那么生活这场喜剧就会变得更加有趣。在世俗戏剧中取得成功的秘诀就是，保持万物的协调，不失去自己的位置，同时给他人让出位置。我们必须了解整部戏剧，才能扮演好自己的角色，绝对不能因沉浸在个人的世界而忽略整体。老子很喜欢"虚"这一比喻，他用"虚"来解释这个道理。老子主张，真正重要的恰恰是"虚"，比如，房间的本质并非屋顶与墙壁，而是二者围起来的空间；水罐有用，不是因为它的形状与材料，而是因为具备能盛水的空间。"虚"才是万能的，因为包含一切。只有在"虚"中，才可能运

---

7 ◎ 一种说法认为，《三酸图》中是苏东坡、佛印和尚与黄庭坚三人，他们后来被引申为儒释道三家的代表。

动。一个人只有保有"虚",允许一切进入自己的"虚",才能自如应对各种情况。整体永远支配部分。

道家的这些思想极大地影响了我们的行为理论,其中还包括剑道和相扑的理论。柔术是日本的自卫术,"柔术"之名就来自《道德经》中的一段文字。在柔术中,人们不会抵抗,而是以"虚"的方式,来抽干敌人的力量,保存自己的力量,从而在最后一击中取得胜利。在艺术领域,暗示的价值体现了这一原理的重要性。艺术作品会留下想象的空间,供旁观者来填补。因此,杰作总是会吸引你的注意力,直到你成为它的一部分。"虚"等待着你,在那里,你可以实现所有的审美情感。

道家把领悟生活艺术的人,称为"真人"。真人出生后便进入虚幻的世界,临死时,才会将目光转向现实。他收敛才智,以便隐世,"豫兮,若冬涉川;犹兮,若畏四邻;俨兮,其若客;涣兮,其若凌释;敦兮,其若朴;旷兮,其若谷;混兮,其若浊"[8]。对他来说,人生有三宝:"一曰慈,二曰俭,三曰不敢为天下先。"[9]

这时,如果我们把目光转向禅宗,就会发现,禅宗强调道家学说。"禅"这一名称源自梵语"Dhyana",意为

8◎出自《老子》第十五章,"古之善为道"章。"豫"表示思前想后;"犹"表示有所怀疑,不采取行动;"俨"表示庄重;"涣"指物的离散;"敦"表示敦厚;"朴"指未经加工的木头;"浑"与"浊"同义,表示不清澈。
9◎出自第六十七章,"天下皆谓"章。

"禅定"。禅主张通过神圣的禅定，可以达到自我了解的最高境界。禅定是六波罗蜜之一，禅宗信徒确信，释迦牟尼在他后期的传教活动中特别强调这个方法，并把规则传给了他的弟子——迦叶。据他们的传说，禅的始祖迦叶将禅的奥义传给阿难陀，从阿难陀开始，奥义代代相传，后来，传到了第二十八代祖师菩提达摩。6世纪上半叶，菩提达摩将这一奥义传到中国北方，并成为中国禅宗的始祖。这些祖师和教义的历史中，有许多不确定的地方。从哲学的角度来看，早期的禅宗一方面似乎与龙树[10]提出的印度式的否定论有关，在另一方面也与商羯罗[11]创建的无明观相似。我们如今了解的禅宗教义是中国禅宗六祖——慧能（638—713）留下的。慧能是禅宗南宗的创始人，这一派因为在南方占主导地位，所以被称为禅宗南宗。继慧能之后，马祖大师（在公元788年去世）将禅带入中国人的生活。马祖的弟子百丈（719—814）最先建立了禅寺，并制定了禅林清规。看一下马祖之后的禅宗问答文献，我们会发现，长江流域人们的精神渗入其中了，禅宗思想接受了本土的思维方式，与从前的印度理想主义截然不同。强烈的宗教自豪感可能会让人否定此事，但每个人都能深刻感受到禅宗南

10◎龙树：佛灭后七百年出生于南天竺，研究并传播大乘佛经，被视为大乘佛教各派的祖师。
11◎商羯罗：789年左右出生于南天竺，作为印度教的复兴者和婆罗门哲学的集大成者而声名远扬。

宗的教义与老子和清谈家的学说相似。《道德经》已经间接提到，集中精神十分重要，需要适当调节呼吸。而这正是入定的必要条件。而且《道德经》的一些优秀注释本也出自禅宗学者之手。

禅宗与道家一样，崇尚相对主义。某位禅师把禅定义为：在南方的天空感受北极星的艺术。想要理解真理，就必须理解它的所有对立观点。与道家一样，禅宗也强烈提倡个人主义，认为除了与我们思想活动有关的事物，没有什么是真实存在的。从前，两位僧人望着塔上随风飘动的旗帜，"一僧曰风动，一僧曰幡动"，六祖慧能进曰："不是风动，不是幡动，仁者心动。"百丈和一名弟子走在林中，一只野兔在他们接近时快速逃开，百丈问道："你可知，兔子为何从你身边逃开？"弟子回答说："它怕我吧。"祖师说道："并非如此，那是因为你有杀生的天性。"这段对话令人想起道家学者庄子的言论。一日，庄子与友人游于河畔[12]，庄子曰："鲦鱼出游从容，是鱼之乐也。"友人曰："子非鱼，安知鱼之乐？"庄子答曰："子非我，安知我不知鱼之乐？"

正如道家反对儒家那样，禅宗也常常反对正统佛教的教义。禅宗提倡先验的洞察力，对这样的禅宗而言，语言只会阻碍思想。佛经的全部作用只是为个人思想加注。禅

---

12 ◎根据《秋水》，应该是"游于濠梁之上"，友人是惠子。

宗之人想与万物的内在精神直接交流，把外在的附属品视为感知真理的阻碍。因为对抽象的热爱，相比古典佛教流派的精美彩色绘画，他们更喜欢简单的水墨画。一些禅宗人士甚至主张销毁佛像，因为他们努力不靠佛像与象征，在自身当中寻找佛陀。在一个寒冷的日子里，丹霞和尚劈了一尊木质佛像来生火取暖，旁边的人惊恐地说道："实在是亵渎啊！"丹霞平静地回答道："我想从烧完的灰中找到舍利子。"那人愤怒地反驳道："木佛像哪有舍利子，你肯定烧不出来。"丹霞和尚答道："烧不出舍利子的话，就不是佛陀了，那我也没亵渎。"然后转向火堆，继续烤火。

禅对东洋思想的一个特殊贡献是：它认为世俗与宗教一样重要。禅宗主张从事物的相对性来看，没有大小之分，一个原子与整个宇宙拥有相同的可能性。要想追求完美，就必须在自己的生活中发现内在的灵光。从这种观点来看，禅寺的组织结构十分重要。除了住持，每个人都要为照看寺院而负责一些别的工作。神奇的是，刚入门的弟子会分到较轻松的工作，而最受尊敬、修行最高的僧人则会分到最麻烦、最卑微的任务。这些任务也是禅宗人士修行的一部分。他们必须完美地完成每个琐细的任务。于是，在除草的时候，给芜菁削皮的时候，倒茶的时候，他们经常深刻地讨论。茶道的所有理念都出自禅的一种观念——人生琐事中见伟大。道家为审美提供基础，而禅则将其投入实践。

茶室——
冈仓天心

如今，
工业主义盛行，
人们越来越难感受到真正的高雅。
因此，
我们现在不是更加需要茶室吗？

　　欧洲的建筑家在砖石建筑传统中长大，在他们看来，日本的竹木建筑几乎不值一提。直到最近，一位相当优秀的西洋建筑专家才发现日本的神社与寺院十分完美，对此大加赞赏。就连日本一流的建筑都面临这样的事情，我们又怎能期待外人能欣赏茶室那隐约的美，还有与西方完全不同的建造原理和装饰风格呢？

　　茶室（Sukiya）只是一间小草屋而已。"Sukiya"本来写作"好き家"（爱好之屋），后来，茶道宗匠们根据自己对茶道的理解，为其赋予各种汉字。"Sukiya"还可以表示"空之屋"（空き屋），或"不对称之屋"（数寄屋）。它是"爱好之屋"，是人们为了安置诗意的冲动，而短暂停留的住所；它是"空之屋"，在这里，除了满足审美需要的必要物品，没有任何装饰；它是"不对称之屋"，供人们"崇拜不完美"，故意保留一些未完成的事物，供人们凭想象来完成。自16世纪以来，茶道的理念对我们的建筑产生了巨大的影响。如今，日本普通家庭屋内的装饰极为朴素，而在外国人眼中，这太过荒凉。

　　第一个独立的茶室出自千宗易之手。他是一位伟大的茶道宗师，后来以"千利休"之名闻名于世。16世纪，他在太阁丰臣秀吉[1]的支持下，确定了茶道的仪式，并将茶道推向大成。在这之前，著名宗匠武野绍鸥[2]在15世纪确定了茶室的大小。早期的茶室只是普通客厅的一部分，人们用屏风隔出一块地方，来开茶会。分出来的这块地方被称为"围室"（Kakoi）。如今，这个词仍用于指家中非独立的茶室。数寄屋（Sukiya）包括茶室本身、准备室（水屋）、玄关（等候室）、庭院的小路（露地）。茶室只能容纳五人，这让人想起那句"多于美惠神，少于缪斯神"[3]。把茶器拿进茶室前，要在水屋洗净备好。等候室是客人等待主人来接自己进茶室的地方。露地则是连接着等候室和茶室的小路。在外观上，茶室并不起眼，比日本最小的房子还小。它的建材令人感觉贫穷而高雅。我们必须知道，这一切都来自深刻的艺术思考，设计细节耗费的心思或许比建造最富丽堂皇的宫殿与寺院还多。在建造费用上，一间好的茶室高于一座普通的宅邸。因为从材料的选择到制作工艺，都要极为谨慎和精确。实际上，在工匠中，茶人雇用的木匠是特殊的、受人尊敬的团体。其工作的精巧程度，不亚于漆

1◎丰臣秀吉（1537—1598）：日本战国时代、安土桃山时代的领主，统一日本的日本战国三英杰之一，自称"太阁"。
2◎武野绍鸥（1502—1555）：村田珠光曾对武野绍鸥产生巨大影响，武野绍鸥是千利休的老师。
3◎美惠神有三位，缪斯神有九位。原文是"more than the Graces and less than the Muses"。

匠的工作。

　　茶室不同于任何西方建筑，而且与日本的古代建筑截然不同。日本的古代建筑，无论是否与宗教有关，都不容轻视，即便从它们的规模来看，也是如此。几个世纪中发生过多次的大火灾，只有少量建筑幸免于难。如今，这些建筑仍凭借其宏伟而华丽的装饰，令我们心生敬畏。巨大的木柱，宽达2—3尺，高达30—40尺，这种巨柱凭借复杂的网状结构，支撑着在瓦片的重压下呻吟的横梁。这种材料与结构虽然不防火，但抗震，很适合日本的气候条件。法隆寺的金堂和药师寺的东塔展现了木结构建筑的耐久性，值得人们关注。这些建筑历经12个世纪，却几乎完整无缺。在古老的宫殿与寺庙的内部，装饰极尽奢华。宇治的凤凰堂落成于10世纪。在那里，如今不仅能看到过去的壁画和雕刻，还能看到精致的顶棚、镀金的华盖，它们五颜六色，镶嵌着镜子和珍珠母。日光和京都的二条城建造得稍晚，在那里，我们能看到极为鲜艳与精巧的装饰，华丽之甚，可以与阿拉伯或是摩尔的风格相媲美。但这牺牲了建筑的结构美。

　　茶室的朴素与纯粹来自对禅寺的模仿。与佛教其他派别的建筑不同，禅寺只是僧人的住所。禅堂不是礼拜或巡礼的场所，而是禅僧集体讨论与坐禅的地方。房间里的装饰只有中央的壁龛，壁龛的佛坛上有禅宗始祖菩提达摩的雕像，或是释迦牟尼的雕像，祖师迦叶与阿难陀侍奉相伴两边。佛坛上供奉着香与花，来纪念这些圣人对禅宗的贡献。我们已经说过，禅僧们会在菩提达摩像前，用一个碗依次饮茶，这个仪式奠定了茶道的基础。不过，在这里我们可以补充一点，禅寺的佛坛是日本壁龛（Tokonoma）的原型，日本的壁龛是日本房间中的神圣之处，放有画作与鲜花，供客人陶冶精神。

　　日本的伟大茶人都是修禅之人。他们想把禅的精神融入现实生活。因此，与茶道的其他用品一样，茶室也体现了许多禅宗思想。《维摩诘经》中的一段经文规定，正统的茶室应为四叠半榻榻米大。这部有趣的著作记载了一个故事：维摩诘居士[4]将文殊师利菩萨和八万四千佛陀弟子迎入这个小房间。这个故事基于这样的理论：对真正看透人世之人而言，空间根本就不存在。从等候室通往茶室的露地，象征着冥想的第一个阶段——自我启迪之路。露地切断了茶室与外界的联系，唤起新鲜感，帮助人们在茶室中充分享受审美的趣味。走过形状各异的石子小路，微光穿过常青藤洒在身上，地上躺着片片松叶，旁边立着满是青苔的花岗石灯笼。曾走过这条露地的人，一定会记得，当时自己的心灵远离凡世。即便身处闹市，也会宛若置身于远离文明喧嚣的密林。茶人们的伟大智慧孕育出这种宁静而纯洁的效果。至于经过露地时应该产生起什么样的情感，

---

4 ◎ 不知这则故事出自《维摩诘经》的何处。

茶人们持有不同的观点。利休等人追求彻底的清寂，在这首古老的和歌中，他抒发了建造露地的奥秘。[5]

　　遥望之所及，无花无红叶，岸边茅屋，秋时日暮。[6]

而小堀远州等人则追求不同的感受，关于理想的庭院，他写道：

　　黄昏之月光，伴少许夜色，从树间洒下。[7]

　　他的意思不难理解。他希望产生这样的态度：仿佛醒悟的灵魂，徘徊在过去那朦胧的梦境中，沉浸在柔和灵光下的忘我之境，渴望浩瀚彼岸的自由。

　　至此，客人做好准备了。他们安静地前往神圣的殿堂。茶室是至高的和平之所，武士会把剑放在屋檐下的架子上。然后客人们弯腰，从高度不足三尺的狭窄入口，膝行进入茶室。无论身份高低，所有客人都需要这样做，其目的在

------

5 ◎ 利休曾 "向富田左近教授露地的装饰方式"，利休说："栎树之叶散落满地，其中若无红叶，奥山寺之路，何其荒凉。" 下面的和歌是日本茶道千家流派代代相传的七事式（即茶会的七种仪式）的规则之一。
6 ◎ 此歌出自藤原定家之手。这是日本茶道千家流派代代相传的七事式的规则之一。
7 ◎ 引自《茶话指月集》。

于教导人们谦虚。在等候室休息时，就已经定好座次了，所以客人们会安静地依次进入茶室并就座。进入茶室时，客人们会先向壁龛里的画作或插花致敬。待客人全部就座，房间内除了茶壶中水沸腾之声，别无他响时，主人才会进入房间。茶壶发出美妙的声音。茶壶的底部整齐地排列着铁片，所以能发出奇特的旋律。在这种旋律中，我们可以听到云雾中传来的瀑布回声，远处山丘飘来的松籁，还能听到远处的海浪拍打着岩石，暴风雨冲刷着竹林。

即便在白天，室内的光线也很柔和。因为屋顶倾斜，屋檐低矮，只有少量光线进入室内。上至天花板，下至地板，所有事物的颜色都很素雅。客人们也会自己精心挑选颜色稳重的衣服。一切都古色古香，这里严禁使用新物品，除了崭新的茶筅与洁白的麻制方巾，它们与其他事物形成鲜明对比。无论茶室和茶器看起来褪色多么严重，一切都绝对干净。即便在房间最暗的角落里，也找不到一粒灰尘。如果有的话，那位主人便不算是茶人。成为茶人的首要条件就是懂得如何清扫、擦拭与洗濯。清洁是一门艺术。绝不能像荷兰的家庭主妇那样肆意擦拭金属古董。花瓶滴下的水珠无须擦去，因为那令人联想到露水，感到清凉。

关于此事，千利休的一个故事很好地解释了茶人们对清洁的看法。利休看着儿子邵安在露地上扫地、洒水。邵安完成了任务后，利休说"不够干净"，并要求他再做一遍。邵安疲惫地打扫了一个小时，然后对他的父亲说："父

亲，都打扫干净了。石路已经洗了三次，石灯笼和树木上
也都洒了水，翠绿的苔藓和地衣都熠熠生辉，地上没有一
根树枝、一片叶子。"这位茶人答道："傻孩子，露地可不
是这样打扫的。"他走进庭院，摇了摇树，片片金色与红色
的树叶纷纷落下，落到地面，织成秋天的锦缎。千利休追
求的并非只是干净，还有美与自然。

　　"爱好之屋"这个名称意味着，建造这个建筑的目的是
满足个人的艺术需求。茶室是为了茶人而建，茶人并非为
了茶室而生。茶室不是为了子孙后代而建造的，只会短暂
地存在。日本民族有个古老的习俗，那就是每个人都应当
有自己的房子。基于这种习俗，神道[8]定下了一个迷信的规
矩：一家的主人去世后，这家就要搬走。这个习惯可能也
有卫生上的依据。除此之外，还有个习惯，那就是要给新
婚夫妇建新家。因此，古代的皇居经常搬迁。如今，我们
仍每二十年重建一次伊势神宫，这个古老的仪式就是一个
实例。多亏了日本的木结构建筑构造，我们才可能遵循这
样的习俗。这种建筑易拆易建，使用砖石材料的永久性建
筑则无法移动。奈良时期以后，我们采用了中国的木结构
建筑，这种建筑结构稳固而庞大，就无法移动了。

　　然而，禅宗的个人主义在15世纪占主导地位，在茶室

8◎神道：日本民族固有的传统宗教实践以及维持该传统宗教的生活态度
和理念。

的相关构想中，这一古老的观念被赋予了更深刻的意义。佛教持有无常观，还认为精神应当决定物质，禅宗基于这样的理论，认为房子只是身体的临时居所。身体也不过是荒野中的陋室，是用周边的草木搭起的脆弱草棚。把这些草拆开，这里就变回荒地了。在茶室中，茅草制成的屋顶暗示易逝，纤细的柱子代表脆弱，竹制的支架象征轻盈，随意选择的材料透露出世事无常的感觉。只有在精神中，才能找到永恒。而这种精神就潜藏在周围环境里，为周围的一切添上风雅的光芒。

建造茶室，要符合个人的兴趣。这体现了艺术的生命力。艺术只有忠于当代人的生活，才能被充分欣赏。这并非无视后世的要求，而是努力更好地享受当下。这也不是无视过去的成果，而是将其吸收，融入我们的意识中。固守传统与公式，会束缚建筑的个性。在现在的日本，可以看到毫无意义的欧洲建筑仿制品，对此，我们只能流泪。不知为何，在最进步的西洋各国，建筑也缺乏新意，到处都在重复过去的风格。或许，现在正是一个艺术民主化的时代，我们正等待一位领导者出现，等待他建立新的王朝。对于古人，希望我们多一份崇敬，少一些抄袭！据说，希腊人之所以伟大，是因为他们绝不抄袭过去。

"空之屋"这种说法体现了道家"包容万物"的学说，还蕴藏着要不断改变装饰主题的想法。除了满足暂时的审美情感而摆放的物品，茶室里空无一物。有时候，人们会挑选并带来一些特殊的艺术品，一切事物都是为了增强主旋律的美感而选择和安排的。一个人无法同时听多种音乐，只有关注核心主题，才能真正理解美。在装饰方法上，我们的茶室与西方相反，西方往往把室内装饰成博物馆。日本人习惯了简单的装饰物品与多变的装饰方法，而西方房间充满画作、雕像和小摆设，所以，这样的西方房间日本人会感觉只是在庸俗地炫富。哪怕只是不断欣赏一个杰作，也需要极大的鉴赏能力。这样想来，那些每天被欧美家庭里常见的丰富色彩与形状包围的人们，必然拥有无限的艺术感受力吧。

"不对称之屋"暗示了我们装饰方法的另一个方面。西方的评论家经常说，日本的艺术品缺乏对称性。这也是道家的理念通过禅宗体现出来的结果。儒家有根深蒂固的二元论思想，北传佛教常同时敬奉三尊佛像，二者都不会反对对称的表现形式。实际上如果研究中国古代的青铜器或唐朝与奈良时期的宗教艺术品，就会发现，人们一直努力追求对称。日本古典的室内装饰布局也绝对是有规律的。不过，"完美"这一概念在道家和禅宗那里，具有不同的含义。他们的哲学是动态的哲学，相比于完美本身，他们更重视追求完美的过程。只有在精神层面把"不完美"变成"完美"，才会发现真正的美。生命和艺术的活力恰恰在于其发展的可能性。茶室中，会让客人自己来完成整体效果，这种整体效果与客人自己有关。禅宗的思考方式流行开来后，远东的美术认为，对称不仅表示完美，还象征着重复，所以故意避开对称。人们认为，对称的设计会摧毁想象的活力。因此，与人物相比，人们更喜欢山水花鸟。因为观看者本人就以"人"的姿态出现。实际上，我们总是过于表现自己，全然不顾我们的虚荣心和自尊心往往枯燥无味。茶室永远害怕重复。装饰房间的各种物品都经过精心挑选，保证色彩与设计不会重复。如果有插花，画作上就不能有花。如果茶釜是圆形的，那么汤瓶就要有棱角。不可以同时使用黑釉茶碗和黑色茶罐。把香炉和花瓶放在壁龛上时，要注意别放在正中间，以免把空间分成相等的两部分。为了打破室内单调的氛围，壁龛柱子的木材要不同于其他柱子。

在这点上，日本的室内装饰方式也不同于西方的方式。在西方的壁炉等地方，物品对称排列。西方家里有许多重复之处，我们认为这是无用的。我们发现，当自己想和一个人说话的时候，他的全身雕像正从他背后盯着我们，我们想知道哪个才是真的，是说话的人？还是肖像？还会产生一种奇怪的想法：其中一个一定是假的。我们常常坐在丰盛的宴会上，仔细思考餐厅墙上的各种画像，这在不知不觉中影响了消化能力。为什么要挂着追捕的猎物的绘画？为什么要摆放精心雕刻的鱼类与水果？为什么要把家传的金银餐具取出来，让我们想起那些曾用这些餐具吃饭的逝者呢？

茶室简朴，超凡脱俗，这使其成为真正隔绝世俗烦恼的避难所。只有在这里，人们才能全身心地、不受干扰地崇拜美。16世纪，茶室因为为参与统一并重建日本的政治家与英勇的武士们提供了休息场所，而受到他们的欢迎。到了17世纪，在德川幕府的统治下，规矩越发严格，茶室提供了自由交流艺术精神的唯一机会。在伟大的艺术品面前，大名⁹、武士、平民没有差别。如今，工业主义盛行，人们越来越难感受到真正的高雅。因此，我们现在不是更加需要茶室吗？

9◎大名：日本古时封建制度下的领主，拥有较大的领地。

艺术鉴赏——

冈仓天心

为了所谓的科学的陈列方式而牺牲了审美，

正是许多博物馆的病根。

　　诸位听过"驯琴"这个道家的故事吗?

　　很久以前,龙门峡谷中有一位森林之王——一株桐树。它抬头便能与群星对话,青铜色的根须深深扎入土地,与沉睡在地下的银龙的胡须缠绕在一起。后来,一位法力高强的巫师用这棵树制成了一张神奇的古琴,但这张古琴很是倔强,只有乐圣才能驯服。长期以来,中国的皇帝将它视如珍宝,一些乐师试着用它弹出美妙的音乐,竭尽全力却都无功而返。古琴不但没有演奏他们期待的乐曲,反而发出刺耳的声音,以示鄙视之意。它拒绝认主。

　　直到有一天,琴圣伯牙出现了。他像人们抚慰桀骜不驯的骏马那样,用手温柔地抚摸古琴,轻轻地拨动琴弦。他吟唱大自然与四季,歌咏高山与流水,唤醒了桐树的记忆。春日的暖风重回枝头嬉戏,活力四射的瀑布以优美的舞姿跃过峡谷,向含苞待放的花朵微笑。未几,人们又听到了妙不可言的声音:夏虫高歌,小雨纤纤,杜鹃悲鸣。听!猛虎咆哮,山谷回应。入秋,夜晚的沙漠上,结霜的草地上闪耀着利剑般的月光。时至冬日,成群的天鹅盘旋在雪花飞舞的空中,冰雹欢快地拍打着树枝,发出噼噼啪啪的声音。

接着，伯牙改变曲调，歌颂起爱情。森林颤抖起来，宛如陷入思念之情的热情恋人。璀璨夺目的白云，如高傲的少女在空中飞过，却在路过的地方拖着宛如绝望深渊的黑影。伯牙再次改变曲调，奏起战歌。金革之声四起，战马奔腾。古琴声中，龙门风雨大作，巨龙乘着闪电腾空，雪崩山裂，天震地骇。

皇帝大喜，向伯牙询问成功的秘诀。伯牙答道："陛下，其他人只想着演奏自己的故事，所以失败了，而我让古琴选择演奏的主题。我自己也分不清究竟是伯牙弹琴，还是琴弹伯牙。"

这个故事准确地展现了艺术鉴赏的奥秘。杰作便是唤醒我们细腻情感的交响乐。真正的艺术是伯牙，而我们则是龙门古琴。在美之灵手的触碰下，隐藏在我们心中的琴弦被唤醒，我们受到它的召唤，激动得颤动起来。这是精神交流，我们倾听无声之音，凝视未见之景。大师唤醒我们不知道的旋律，被遗忘已久的记忆带着崭新的意义回到我们身边。曾被恐怖扼杀的希望，我们曾不敢承认的渴望，在此刻再次升起，闪耀着璀璨的荣光。我们的心是画家上色的画布，而画家的颜料则是我们的情感，画家用明暗对比法突出喜悦的光与悲伤的影。杰作就是我们的一部分，而我们也是杰作的一部分。

艺术鉴赏所需的心灵交流，必须基于互让的精神。正如艺术家必须知道如何传递信息那样，观众必须培养接收信息的正确态度。身为大名的茶道大师小堀远州留下了这样一句隽语："像对待君主那样对待伟大的画作。"为了理解杰作，你必须在它面前放低姿态，屏息凝神，静候它低语。一位宋朝的著名评论家曾坦言："我年轻时赞美我喜欢的画作的作者，然而随着鉴赏能力日渐成熟，我开始称赞自己。因为大师们挑选作品来让我喜欢，而我恰恰喜欢这些作品。"这段话耐人寻味。令人遗憾的是，如今很少有人潜心研究大师们的心境。我们不愿摆脱无知，拒绝为他们遵守这简单的礼节，所以常常错过摆在我们面前的美之盛宴。大师一直备好佳肴，而我们却总是饥肠辘辘，这只是因为我们缺乏鉴赏能力。

容易产生共鸣的人会与杰作结下深厚情谊，对他们而言，杰作就是活生生的现实存在。大师永垂不朽，因为他们的爱与恐惧会在我们的心中不断再现。大师打动我们的与其说是手法与技术，不如说是心与人。大师的呼声越有人性，我们的回应便越真诚。因为我们和大师之间形成了内心的默契，所以我们才能在阅读诗歌或小说时，和主人公一同感受苦与乐。我们日本的莎士比亚——近松[1]规定，让观众知道作者的秘密是创作戏剧的重要原则之一。他的

---

1 ◎ 近松：近松门左卫门（1653—1724），本名杉森信盛，别号巢林子、平安堂，日本江户时代的净琉璃、歌舞伎作者，推动净琉璃艺术走上高峰，所作剧本多为人情世故纠葛引起的悲剧。

几位学生曾向他提交剧本，希望得到他的赞许。然而他最终只认可了一部作品，这部作品颇像《错误的喜剧》[2]，讲述了孪生兄弟因被人认错而经历苦难的故事。近松评价道："这部作品具备正确的戏剧精神。它考虑到了观众，允许观众比演员知道更多信息。观众知道错在哪里，便会可怜舞台上那些不知实情而被命运操纵的人。"

　　东西方的大师都不曾忘记暗示的价值，因为暗示能让观众知道作者的秘密。凝视杰作时，连绵无穷的回忆呈现在我们面前。对此，谁能不心生敬畏呢？这些杰作十分亲切，总是会引起人们的共鸣。相反，如今的平庸之作是多么冰冷！在前者那里，我们感受到从人心涌出的暖流；而在后者那里，只有拘泥于形式的礼节。现代的艺术家一心钻研技术，少有人能超越自己。与那些徒劳尝试弹奏龙门古琴的乐师一样，现代的艺术家也只诉说自己的故事。他们的作品或许更接近科学，却更远离人性。日本有句老话，"女子不会爱上虚荣的男子"，因为这种男人的心中没有空隙能容纳爱。在艺术中，无论对艺术家而言，还是对观众而言，虚荣都会对共鸣造成致命伤害。

---

2 ◎《错误的喜剧》(The Comedy of Errors) 是莎士比亚所作的喜剧，主要内容是：叙拉古商人伊勒和妻子生下一对双胞胎儿子，还领养了一对穷人家的双胞胎孩子。后来这家人在海上遇险，伊勒妻子与两对双胞胎中的弟弟被海浪冲走。多年以后，两对双胞胎中的哥哥告别伊勒，去寻找伊勒之妻和他们的弟弟。两对双胞胎因为长相相似引起了许多误会。最后，两对双胞胎同时出现在众人面前，消除了误会，全家团聚。

世上最神圣的事情就是，在艺术世界相似的精神相互结合。相遇的一瞬间，艺术爱好者超越了自己，既存在，又不存在。他看到了一闪而过的"无穷"，却无法说出自己的喜悦，因为眼睛不会说话。他的精神摆脱了物质的束缚，在万物的律动中漫步。所以说艺术近乎宗教，让人变得崇高。正因如此，杰作才成为神圣之物。过去，日本人非常崇敬伟大艺术家的作品。茶道大师小心地保护宝物，为它严格保密，通常需要打开许多盒子才能到达圣殿——丝绸包裹，柔软的丝绸中便是那神圣之物。这种秘宝很少示人，就算示人也只限于门人弟子。

在茶道盛行的时代，太阁的将士在打胜仗后接受奖赏时，更希望得到稀有的艺术品，而非大片土地。日本人喜欢的很多戏剧也以宝物的失而复得为主题。比如，有部戏剧讲述了这样一个故事：细川侯[3]的宫殿中藏有雪村所作的著名达摩像。一天，因为值班的武士有所怠慢，宫殿忽然起火。这位武士决心不惜一切救出这幅珍宝，便冲进火海，拿到挂轴，却发现所有的出口都被火焰堵住了。他的心中只有这幅画作，于是拔剑剖开身体，撕下袖子裹住雪村的画作，然后塞进裂开的伤口。大火被扑灭后，在冒着烟的余烬中，人们发现了被烧得半焦的尸体，而尸体中的

---

3 ◎细川侯：细川忠兴（1563—1645），日本安土桃山、江户初期的武将，精通茶道与和歌，是利休七哲之一。

那件宝物完好无损。这种故事着实吓人，但展示了忠心耿耿的武士的献身精神，而且体现了日本人多么重视杰作。

不过我们必须记住，艺术的价值只取决于它告诉我们多少。如果我们能实现普遍的共鸣，那艺术或许就会成为普遍的语言。然而我们有限的禀性，传统和习俗的力量，还有遗传的本能，都限制了我们享受艺术的能力。就连我们的个性也在一定程度上限制了我们的理解能力。我们的审美人格在过去的作品中寻找同类。诚然，我们可以培养并提高审美能力，从而欣赏许多未被发现的美。但归根到底，我们也只是在世界中观察自己的形象，也就是说，我们的特性决定了我们的认识方式。茶道大师也只是收集他们鉴赏能力所及范围内的物品。

这让我想起小堀远州的一个故事。他的弟子赞美他在收藏方面体现出令人敬佩的品位。他们说道："您的每件藏品都令所有人赞叹不已，而一千个人中才有一个人会欣赏利休的藏品，这说明您比利休更有品位。"而远州悲伤地答道："这恰恰证明了我多么平庸，伟大的利休敢于遵循内心的喜好，而我却不知不觉地迎合了大众的口味。实际上，利休才是千里挑一的茶道大师啊！"

遗憾的是，如今的人们表面上对艺术狂热，但往往不是真心喜欢艺术。在这个民主的时代，人们忽略自己的感受，疯狂追求众人认为是最好的东西。不求高雅，只求高价；不求美丽，只求流行。对大众来说，相比于他们假装敬佩的早期意大利作品和足利时代⁴的杰作，这个工业时代生产的插画杂志才是更好消化的艺术食粮。对他们而言，艺术家的名字比作品的质量更加重要。正如几个世纪前一位中国评论家所感叹的那样，"世人用耳朵评价画作"。正因为人们缺乏真正的鉴赏能力，所以现在到处都是仿古作品，令人心生厌恶。

　　另一个常见的错误是混淆艺术与考古学。对古物的崇敬之心是人类最好的品质之一，愿我们能将它发扬光大。古代的大师为后世的启蒙运动开辟了道路，因此受到尊敬。他们经受了几个世纪的批评却毫发无伤，沐浴着荣光走到了我们的时代，仅凭这一点，便值得我们尊敬。但我们如果仅根据年代之久远来评价他们的成就，那就真是愚蠢至极了。然而我们常常让自己对历史的同情心凌驾于审美判断能力之上。艺术家入土长眠，我们才献上赞美的花朵。另一方面，19世纪孕育了进化论，人们养成了一个习惯：重视种类，忽略个体。收藏家渴望得到大量作品来阐释一个时期或一个流派，却忘记了这个道理：与某个时期或某个流派的多件平庸之作相比，一件杰作可以教给我们的远远更多。我们过度沉迷于为作品分类，很少欣赏作品本身。为了所谓的科学的陈列方式而牺牲了审美，正是许多博物

----

4 ◎足利时代（1336—1537）：室町时代的别称，指足利氏开设幕府，掌握政权的时代。

馆的病根。

在人生的重要规划中，切莫忽视同时代的艺术观念。如今的艺术属于我们，是我们自身的反映，谴责它就是谴责我们自己。我们说当代没有艺术，那谁该对此负责呢？我们狂热地赞赏古人，却很少关注自身的可能性，这真是令人羞愧！苦苦挣扎的艺术家受尽冷眼与轻蔑，身心俱疲。在这个自私自利的时代，我们给了他们什么样的鼓励？前人大概会可怜我们文明匮乏，后人或许会嘲笑我们艺术贫瘠。我们正在破坏生活中的美。但愿某位伟大的巫师能够用社会这株大树，制成一张巨琴，好让天才拨动琴弦，发出响彻天际的琴音。

瓢
杓

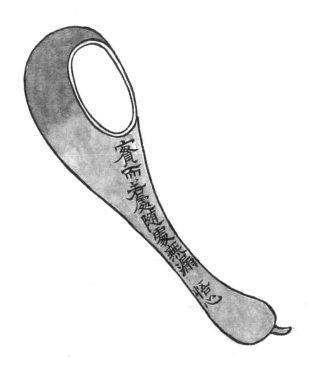

花
———
冈仓天心

当他认识到无用之物的妙用时，
他便进入了艺术领域。

　　春日的黎明时分，微光摇曳，小鸟在树木间以神秘的
语调低语。你难道没有发觉，它们是在和伙伴谈论花吗？
当然，在人类看来，花和爱情诗是双生子。花，不知不觉地
展现美丽，默默无言地吐露芬芳，有什么能比花更好地象
征纯洁少女的情窦初开呢？原始时代的人向他的恋人献上
第一个花环时，他就不再是野蛮人了。他超越了粗鲁的自
然需求，成为人，当他认识到无用之物的妙用时，他便进
入了艺术领域。

　　无论喜与悲，花永远是我们的朋友。饮食，歌舞，嬉
戏，我们都与花一起。我们用花来举办婚礼与洗礼。没有
花，我们便不敢赴死。我们与百合一起拜神，在莲花身旁
冥想，在玫瑰和菊花的陪伴下列阵冲锋，我们甚至尝试用
花的语言来交流。没有花，我们可如何生活？想象一下没
有花的世界，都会感到很可怕。花在枕边陪伴病人，给病
人带来无尽慰藉。疲惫的灵魂游荡在黑暗的世界，花给他
们带来天堂的光芒。花那恬淡的柔情让我们重燃日渐消逝
的对宇宙的信念，这就好像久久凝视着一个美丽的孩子，
会让我们记起曾失去的希望。当我们躺在土里时，花便悲

伤地徘徊在我们的坟墓旁。

我们无法掩盖一个悲伤的事实：我们虽然有花相伴，但仍未摆脱兽性。剥开羊皮，内心的恶狼就会露出尖牙。有人说，人啊，十岁是动物，二十岁是疯子，三十岁是败者，四十岁是骗子，五十岁是罪犯。或许，人正因为从未摆脱兽性，所以才成了罪人。只有我们的饥饿是真实的，只有自己的欲望是神圣的。一个个神社与寺院在我们的面前倒塌，只有一个圣坛得以永世留存，在那里我们供奉着至高偶像——我们自己。我们的神是伟大的，金钱就是他的代言者！我们破坏自然，这是为神而牺牲。我们自夸征服了物质，却忘记是物质奴役了我们。我们打着文明与高雅的旗号，还有什么暴行不敢犯下！

告诉我，温柔的花儿，星星的泪珠，你站在园中，与歌唱着露珠与阳光的蜜蜂点头交谈时，可否知道等待你的厄运？继续沉浸在梦乡吧！在夏日的微风中，摇摆，嬉戏。明天，一只无情的手就会掐断你的脖子，会将你撕成一片一片，将你带离那宁静的家乡。这样的残暴之徒或许还是一位美人。或许，她的手指上满是你的鲜血，嘴里还感叹道："好美的花啊！"告诉我，这是仁慈吗？你的命运或许是被囚禁在一个无情之人的头发中，抑或是被塞进一个不会正眼看你的人的扣眼中。你的命运甚至还可能是被关在狭窄的容器中，令你近乎发狂的口渴之感警告你命不久矣，而你只能靠着死水，来缓解这种口渴。

　　花啊，你如果生在天皇的领地上，可能会遇到一个恐怖之人。他手持剪刀与小锯子，自称"花道大师"，主张自己有医生的权利。你会本能地恨他，因为你知道，医生总是延长受害者痛苦的时间。他会把你切断，扭曲，弄成你无法做到的姿势，而他认为这些姿势才理所应当。与所有整骨医生一样，他会扭曲你的肌肉，掰断你的骨头。用烧得滚烫的煤炭来给你止血，用铁丝插入你的体内来促进循环。还会灌你吃下盐、醋、明矾，甚至硫酸！你快要昏过去的时候，他又会向你的脚浇开水。他还会夸耀道，多亏了他的治疗，你能多活两个星期，甚至更久。与其这样，你是不是希望被抓到时就被杀死？你在前世究竟犯下怎样的罪行，此生才会受到这样的惩罚？

　　西方社会肆意浪费花，这比东方的大师对待花的方式更糟糕。大量的花每天被剪下，用来装饰欧美的宴会厅，而第二天就被扔掉。如果把它们编成一个花环，可能足以围绕整个欧洲大陆。这种做法彻底忽视花的生命，与此相比，花道大师的罪行也变得微不足道了。花道大师至少还尊重自然的节约精神，谨慎地挑选牺牲者，在花死后，也会向其遗体致敬。而在西方，摆放花只是为了炫耀财富，只是一时的心血来潮。狂欢过后，这些花都去哪里了？世上最令人心生怜悯的事情，无疑是一朵凋谢的花被无情地扔在粪堆上。

　　为何花生得如此美丽，却又如此不幸？被追得走投无路时，昆虫会蜇人，就连最温顺的动物也会奋起一搏。人们会用鸟儿的羽毛装饰帽子，不过，这些鸟儿在被追捕时，可以从追捕者的手中飞走。人们还会用一些动物的皮毛制衣，但当人们靠近时，这些动物可以躲起来。唉！我们只知道蝴蝶这一种有翅膀的花。面对破坏者，其他的花毫无还手之力。它们在死亡的痛苦中尖叫，但它们的哭声却永远无法传入我们冷酷的双耳。对那些默默爱着我们、照顾我们的亲友，我们总是十分残忍。因此，也许有一天，最好的朋友也会抛弃我们。大家没有注意到野花一年比一年少吗？这也许是因为它们中的贤者告诉它们：离开人世吧，直到人类变得更有人情味。或许，它们已经移居到天堂了。

我们应当更加支持种植花草的人，因为比起修剪花草的人，他们更有人情味。我们很高兴看到这些人注意水与阳光，对抗寄生虫，害怕霜冻天，为花蕾慢慢发芽而担心，为树叶焕发光泽而欣喜。在东方，花卉园艺是一门古老的艺术，诗人对所爱植物的情感常常被写成故事与诗歌。据说，随着陶瓷的发展，唐宋时期制造了用来盛放花卉的精美容器，但那不是花盆，而是镶满珠宝的宫殿。一花一侍者，侍者会用兔毛软刷清洁叶子。有一本书写道，牡丹应由盛装的美貌女子侍奉沐浴，寒梅应由清瘦的僧人来浇灌。《盆景取暖》是日本最出名的能乐剧目之一，创作于室町时代，主要内容是：寒夜里，一名贫穷的武士没有烧炉的木柴，为了款待一名游僧，将自己珍爱的盆栽劈砍，以便给他取暖。这位游僧就是日本的诃伦[1]——北条时赖。武士的牺牲也并非没有回报。即便如今，这部能乐剧目也总是会令东京的观众泪目。

为保护娇弱的花，人们采取了许多防护措施。唐玄宗曾在花园的树枝上挂了金铃铛，以防鸟儿靠近。他还在春天带着宫廷乐手，去用轻柔的音乐，让花儿们高兴。如今，日本的一个寺院（须磨寺）中，有一个奇特的告示牌，据说这是源义经制成的牌子，这位源义经可谓是日本版《亚瑟王传说》的主角。那是为保护美丽的梅树而发布的告示，以尚武时代那严厉的幽默感吸引着我们。告示上，论及完花的美丽后写道："伐一枝，砍一指。"要是对如今那些肆意破坏鲜花和艺术品的人也施加这样的刑法就好了！

可是，即便在盆栽那里，我们也想怀疑人类的自私。为什么要把植物带离它们的家乡，让它们在陌生的他乡开花？这岂不是等同于把小鸟关在笼子里，让它在笼子里唱歌与交配吗？又有谁知道，兰花会因温室中的人工热浪感到窒息，绝望地期盼见到自己南方家乡的天空呢？

理想的爱花之人会去花的故乡拜访花。比如，陶渊明坐在破旧竹篱边与野菊交谈；林和靖在黄昏时分漫步西

<hr>

1⊙诃伦：阿拉伯帝国阿拔斯王朝的第五任哈里发，也是《一千零一夜》中的人物。在《一千零一夜》中，他时常微服游历巴格达。

湖的梅花树间，沉醉在芳香的世界。据说，周茂树为了与荷花共做一梦，睡在小舟之中。这种精神感动了光明皇后——奈良时期最著名的君主之一。光明皇后咏叹道："折枝乃辱花，故将生于大地之花，献予三世佛陀。"[2]

不过，我们也别太伤感了。让我们少一点奢华，多一点伟大吧！老子曰："天地不仁。"弘法大师曰："生生生生暗生始，死死死死冥死终。"[3]无论我们走向何方，都要面对毁灭，向上、向下、向前、向后，都是毁灭。只有变化是永恒的。为什么死不如生受欢迎？二者互为补充，犹如梵[4]的昼夜。旧事物瓦解，才可能创造新事物。我们通过许多名字来崇拜死神这位无情的慈悲之神。在烈火中，拜火教迎来吞噬一切的阴影。即便现在，信奉神道的日本人也匍匐在剑魂冰冷的纯粹主义面前。神秘之火燃尽我们的弱点，圣剑斩断欲望的束缚。象征着天上希望的凤凰从我们的死灰中展翅飞出，在自由中，孕育出更高尚的人格。[5]

如果毁掉花就能孕育出新的存在形态，从而升华人们的世界观，那为什么不毁掉呢？我们只是要求花和我们一

2◎《后撰集》中，有同样的一首和歌，这首和歌被认为是僧正遍昭所作。另外，《为赖朝臣集》中有"折枝心染垢，故将原本之花，献予今世佛陀。"还有作品记载，光明皇后咏叹的是："不为吾人折花，唯奉花至三世佛陀前。"

3◎引自弘法大师所作的《秘藏宝钥》的序。

4◎梵：印度婆罗门教的最高原理。

5◎这段话把斩断欲望束缚的剑定位为带给人类自由的东西。冈仓天心暗示，与崇拜火的文明圈相比，日本实现了更高的人格。

起为美牺牲。我们把自己献给纯洁与简单，以此赎罪。茶人们正是基于这样的逻辑，建立了花道。

任何一位熟悉茶道大师或花道大师的人都一定有注意到，这些大师对花有着宗教式的崇拜。他们并不会随意修剪，而是会根据脑海中的艺术作品，仔细挑选每根枝条。如果修剪超过了必要的范围，就会感到羞愧。在这方面，值得注意的一件事是，他们总是尽可能地为花保留一些叶子，因为他们的目的是展现植物的整体美。与其他很多方面一样，在这个方面，他们的做法也与西方国家的做法不同。在西方，我们只能看到花梗和花的头，花的身体却看不到了，它们被乱七八糟地插在花瓶里。

一个茶道大师把花塑造成自己满意的样子后，就会把它放入日本房间的神圣之地——壁龛。除非为了审美的协调，否则不可以在它附近放置任何影响效果的东西——即使一幅画也不行。它像王子一样静坐在那里，进来的客人或弟子都要先向它深深鞠躬，致以敬意，然后再问候主人。优秀的插花作品被绘成画，出版发行，供业余爱好者陶冶情操。这方面的文学作品卷帙浩繁。当花凋谢时，主人会将它温柔地交给河水，或是小心地葬在土里，甚至有时还会立碑来纪念它们。

花道似乎与茶道一起诞生于15世纪。日本的传说认为，早期的佛教徒是最早制作插花的人。他们收集了在暴风雨的冲击下散落的花朵，出于对生物的无限关怀，把它们放在盛有水的容器中。相阿弥是足利义政时期的著名画家、鉴赏家，据说，他是初期的花道大师之一。茶道大师村田珠光⁶是他的弟子。池坊掌门人专能也是他的弟子，池坊是花道史上著名的流派，就像美术界的狩野派那样。16世纪下半叶，随着千利休把茶道推向大成境界，花道也得到充分的发展。千利休及其著名的继承者织田长益、古田织部、光悦、小堀远州、片桐石州等人相互竞争，形成新的搭配方式。但我们必须记住，茶道大师们对花的崇拜只是他们审美意识的一部分，并非独立的宗教仪式。插花和茶室里其他的艺术品一样，都服从于整体的装饰风格。因此，片桐石州规定，庭院积雪时，不得用白梅。鲜艳的花被无情地赶出茶室。把茶人制作的插花从本应放置的地方移开，这个插花就失去意义了。因为它的线条和比例都是为配合周围环境而特别设计的。

17世纪中叶，花道大师逐渐增多，从此，人们才开始崇拜花本身。到了这个时候，它与茶室没有关系了，除了花瓶带来的限制，它不受任何规则制约。新的观念和新的方法就有可能出现了。从此，许多原则和流派诞生了。19世纪中叶的一位作家说过，他能列出一百多种不同的插花流派。广义而言，插花流派可分为形式派与写实派。以池

6 ◎村田珠光（1423—1502）：据说是"侘茶"的创始人，被后世称为茶道的"开山之祖"。

坊为首的形式派追求古典的理想主义，相当于美术界的狩
野派。这一派初期宗师的插花仍有记录，那些作品几乎复
制了狩野山雪和狩野常信的花卉画。而写实派，正如名称
所示，以自然为范本，只会为了让艺术表达更具统一性，
而修改形式。因此，我们在这一派的画作中感受到的创作
冲动，与浮世绘与四条派作品中的相同。

如果有时间的话，我们可以更加全面地研究这个时期
各位花道大师制定的构图规律与细节规律，这些规律体现
出德川时代[7]装饰方式的根本原理，这会是一件很有意思
的事情。我们发现，他们谈及指导原则（天）、从属原则
（地）、和谐原则（人）时，认为没有体现这些原则的插花沉
闷无趣，没有生命。他们还从正式、半正式和非正式三个
不同的方面论述了插花方式的重要性。第一种花可谓身着
正式礼服，第二种穿着朴素优雅的午后服饰，第三种花则
穿着美丽的日常服装。

相比于花道大师的插花，茶人的插花往往更容易引起
我们的共鸣。茶人的花，是适当布置的艺术，与人生有真
正密切的关系，所以吸引着我们。我们应当称这个流派为
自然派，从而区别于形式派和写实派。茶人们认为，他们
只挑选花，接下来的事情交给花，让花来讲自己的故事。
在深冬时节进入茶室，你可能会看到细长的野樱枝条和初

---

7 ◎德川时代（1603—1868）：江户时代的别称。

吐嫩芽的山茶花枝，在二者的组合中，可以听到冬日的尾声与春日的前奏。如果你在炎炎夏日的中午去喝茶，你可能会看到，在壁龛阴凉处的花瓶中，一枝百合披着露珠，似乎在嘲笑人生的愚昧。

花的独奏固然有趣，但若是与绘画和雕塑一起演奏协奏曲，就会更加迷人。片桐石州曾把水生植物放在一个扁平的盘子中，令人联想到湖泊与沼泽的植被，又在上方挂着相阿弥所作的画，画的内容是野鸭在空中飞翔。另一位茶人里村绍巴把海边的野花、渔夫小屋形状的青铜香炉、描写海岸孤独之美的和歌结合起来，一位客人说，在这个组合中，他感受到了晚秋的气息。

花的故事是讲不完的。我们再讲最后一个吧。在16世纪的日本，牵牛花还十分稀有。千利休种了整园的牵牛花，精心培育。这个庭院的名声传到了太阁丰臣秀吉的耳朵里，他表示自己想见一下这些花，于是千利休便邀请他来家里喝早茶。在约定的日子里，太阁走过庭院，地面很平整，铺着美丽的卵石与沙子，但看不到一朵牵牛花。这位暴君愠怒地走进茶室，然而在那里，有一处风景在等待着他，平复了他的心情。壁龛中，宋代工艺制成的珍稀青铜器中，有整个花园的女王——一朵牵牛花！

这样的例子体现了"花之献祭"的全部含义。或许，花也充分领会到此事的全部意义了。它们不是人那样的懦夫，有些花在凋零中达到荣耀的巅峰。日本的樱花就是这样，任风吹散自己。一个人如果站在吉野和岚山，目睹樱花如雪般纷飞，就一定会意识到这一点。樱花一会儿像镶嵌着珠宝的云朵一般飞舞，一会儿又在晶莹的溪流上跳舞。然后，随着欢笑的溪流远航时，它们似乎在说："再见，春天！我们走向永恒了。"

茶道大师——

冈仓天心

人若是不懂得适当调节生活方式，
便会一直陷在痛苦之中，
就算努力表现出快乐与满足，
也是白费力气。

在宗教中，未来已经过去。在艺术中，现在是永恒的。茶道大师认为，只有把艺术变成生动感化力的量，人才能进行真正的艺术鉴赏。因此，他们在茶室中获得高标准的精致规则，从而用这种规则来调整自己的日常生活。在任何情况下，都要保持内心平静，谈话时要尽量避免打破周围环境的和谐。服装的剪裁与色彩、身体的姿态、走路的方式等，都是艺术人格的外在表现，绝对不能轻视这些事情。因为人只有自己变美，才有权利接近美。因此茶道宗匠并非仅仅想要成为艺术家，还想要成为艺术本身。这就是审美主义的禅。只要我们内心愿意，完美无处不在。千利休喜欢引用这首古代和歌：

愿盼花之人，一睹山间白雪嫩草之春色。[1]

茶道大师对艺术的贡献涉及多个方面。他们彻底改革

1◎出自藤原家隆之手。千利休常用这首和歌，来表达"闲寂幽静"的本意。

了古代建筑和屋内的装饰，确立了我们在"茶室"那节提到的新风格。这种风格还影响了16世纪之后建立的宫殿与寺院。博学的小堀远州留下了许多著名建筑，比如桂离宫、名古屋城和孤篷庵，这些建筑满载着他的天赋。日本所有著名的庭院都是茶人设计的。如果没有他们的灵感，我们的陶器永远不会如此精美。为了制造茶道的器具，陶艺家们煞费苦心。日本的陶器研究人员熟知小堀远州的七窑。茶道大师在日本的纺织面料中也留下了痕迹，他们设计了颜色与图案。确实，在任何一个艺术领域，茶道大师都留下了天才的印迹。至于他们在绘画与漆器领域的贡献，应该无须多言了。一个最伟大的绘画流派起源于本阿弥光悦，他是茶道大师，也是著名的漆艺家与陶艺家。他的孙子光甫、侄孙光琳与乾山也有许多优秀作品，不过，这些作品若是被放在他的作品旁边，就会黯然失色。正如人们常说的那样，整个光琳派都是茶道的表现。在这一派的粗犷线条中，我们似乎能感受到大自然的生命力。

茶道大师对艺术界的影响是巨大的，但与他们对日常生活的影响相比，就变得微不足道了。不仅在上流社会，在我们家庭琐事的安排中，也能感受到茶道大师的影响。许多精致的菜肴，还有配膳方式，都是他们的发明。他们教会我们穿颜色朴素的衣服，传授我们接触花的正确精神。他们强调人天生喜欢简朴，还向我们展示谦逊之美。实际上，由于他们的教诲，茶已经走进了人们的生活。

人生是狂暴的大海，充满愚蠢的烦恼。人若是不懂得适当调节生活方式，便会一直陷在痛苦之中，就算努力表现出快乐与满足，也是白费力气。我们踉踉跄跄，努力地保持精神上的平静，地平线上的每一朵云中都能看到暴风雨的前兆。但滚滚巨浪向永恒奔去时，其中包含着欢乐与美好。我们为何不进入巨浪的精神世界，或是像列子一样，乘飓风而行呢？

只有与美共度一生的人，才能美丽地死去。伟大的茶道宗师在临终时，也与平时生活的时候一样优雅。他们总是努力与宇宙保持和谐，早已准备好进入未知的世界。利休“最后的茶会”永远屹立在悲壮的巅峰。

利休与太阁丰臣秀吉是多年的朋友。这位伟大的武士十分敬重茶道大师。不过，暴君的友谊是危险的荣耀。那个时代充满背叛，人们连近亲都不敢相信。利休不是卑躬屈膝的谄媚之人，常常敢于同与那位残酷的庇护者争论不休。有一段时间，太阁和利休的感情陷入冷淡的状态。利休的敌人趁机指控利休与毒害暴君的阴谋有关。有人悄悄告诉太阁，这位茶道大师会为他准备含有致命毒药的茶。太阁起了疑心，这就足以立即执行死刑了。面对愤怒的暴君，利休无法辩解，只得到了一个权利，那就是光荣地自杀。

在预定的自杀之日，他邀请自己的弟子参加他最后的茶会。在约定的时间，客人们悲痛地来到等候室。他们望向露地，树木似乎在颤抖，树叶沙沙作响，好像是无家可归的灵魂在窃窃私语，灰色的石灯宛如庄严的哨兵，站在地府门前。茶室里飘来一阵珍稀的香气，这意味着主人邀请客人进入茶室。客人依次入席。壁龛里有一幅书法作品，这幅杰作出自一位古代僧侣之手，记载着世间万物转瞬即逝。火炉上，沸腾的茶釜在鸣叫着，仿佛一只蝉在为即将消逝的夏天而悲鸣。不久之后，主人进入茶室。每个人依次饮茶，主人是最后一位。按照惯例，第一位客人在此时请求欣赏茶器。利休把各种艺术品放在他们面前，其中就包括刚刚提到的书法作品。大家赞扬这些艺术品后，利休把它们一一赠予各位客人当作纪念，自己只留下了茶碗。他说："这茶碗已经被不幸之人的嘴唇玷污了，绝对不能再给别人使用。"并把它摔得粉碎。

茶会结束了。客人们含泪做了最后的告别，然后离开茶室。只有一位最亲密之人，被留下来送他最后一程。利休脱下茶会的服装，小心地将其叠放在榻榻米上。洁白无瑕的死亡装束一直藏在里面，此时便露出来了。致命的匕首利刃闪烁着光芒，他温柔地凝视着利刃，留下这一绝唱。

吾之上宾，永恒之剑！斩佛陀，杀达摩，开辟汝之前路。[2]

利休微笑着，去往了未知的世界。

2◎这句话的原文是：人生七十，力围希咄，吾这宝剑，祖佛共杀。从德川时代开始，茶人们关于"力围希咄"的含义众说纷纭。今泉雄作认为，这是一种感叹词，类似禅宗中申斥迷误或使人开悟时发出的声音，表示"岂非如此"之类的意思。京都表千家保存着利休的真迹，上面写着"人生""叻"。此外，《禅林僧宝传》的第二卷中写道：咄咄咄，力叻希，禅子讶，中眉垂。英文原文中没有体现出这句话的含义。

第二章 ※ 茶闲

在这个世上，茶的世界最轻松。不必什么事情都强行遵守常识，不需要为欠人情而苦恼。

非茶人茶话——
吉川英治

我虽然爱茶，
却不觉得茶是严厉的父亲，
而是想如对母亲撒娇那般，
对茶撒娇。

街道也已经披上夏装。

现在已经看不到以往那种女士短外褂[1]了。不过，这种款式的流行带来一个启示：

茶的作用以那样的形式，体现在流行趋势中，这很有趣。

在利休生活的时代，茶人主要是堺市的工商业者。而现在，年轻人和知识分子成为茶人，他们破除陈规，喜欢涉足新事物。

女士短外褂很好地体现了茶的观念——日常生活中无拘无束的心境、简朴、为利用废品而下的功夫等等。堺市的知识分子也似乎思考过这种观念。这大概便是生活中的茶道吧。

虽说如此，茶就是谁都知道的茶。像我这样的人，二十多年来，一直喜欢喝抹茶，但既不懂茶的礼仪，也不懂茶的精神。

不仅如此，多年以来，别人也邀请我去参加茶会，我尽量谢绝出席。我若出席的话就是白吃白喝，从未回礼。

----

1 ◎短外褂：一种和服外褂，原本是茶人穿的衣服。

就这样，欠了几十家人情。就连对吉屋信子女士，我也因久疏问候而欠下人情。

不过，在这个世上，茶的世界最轻松。不必什么事情都强行遵守常识，不需要为欠人情而苦恼。即便参加藤原银次郎这样著名的茶人举办的茶会，也不必觉得欠人情，因为那是"布施之茶"。

对茶，我似乎怀着厚颜无耻、为所欲为的观念。因此，我虽然爱茶，却不觉得茶是严厉的父亲，而是想如对母亲撒娇那般，对茶撒娇。而且我觉得这种想法没有问题，也不想改变。

川端康成先生等人对茶很谦逊，观赏器物时特别仔细。即便是川口松太郎，在学习茶道时，也会老老实实地从头做到尾。我不会这样。

说到底，我有着这样的偷懒心思：反正这是我无法极尽完美的领域，也不是自己的主要道路，那就"自然而然地做此事为好"。

因此，偶尔在冬夜的时候，茶炉上的茶釜鸣叫着，我与客人盘腿坐在茶炉边上，漫饮漫谈，也没有备齐茶道的所有东西。并非茶人的我们坐在炉子边上吃橘子。作几首拙劣的俳句取乐，在这点上充其量算是茶人吧。

我在小说中提到野外的茶，也曾写得跟我懂茶一样。或许因此，许多人误以为我略微懂茶。实际上，正如上文所写，我并非茶人。

本是挹水之芭宜
伐其满，持而弗有彼
鳌腿脏汗我無受
捨舊取新清潔且守
浴下痛書生題

新茶——

冈本加乃子

如今正是凉爽的时节，

饮一碗新茶，

这是百忙之中能享受的大自然的馈赠。

　　就算不是特别喜欢茶的人，也会被新茶吸引。

　　新茶没有暮气沉沉的苦味，反而有一股清新的香气。与喝普通的茶相比，品新茶，更像是啜一口嫩叶上的露珠。

　　新茶的颜色很美。白瓷茶碗中的半碗茶，犹如微波粼粼的碧绿湖水。

　　从飘荡着热气的缝隙中，似乎可以看到茶碗上有这样美丽的场景：发出邀请的女精灵和赴约的男精灵，都生着一头碧绿的秀发。

　　手中拿着茶碗，品一两口，望一望庭院。小枫树上挂着果实，阳光洒下，落到树枝下的池底。池中的白鲫在去年产了卵，现在正带着四条才一寸大小的小鲫鱼放松鱼鳍。此时，若是身上的夹衣上，不松不紧地系着较窄的博多带，还要追求什么呢？此时可以深切地体会到，自己是生在日本土地上的日本女性。

　　西洋人中，美国人喜欢喝日本的绿茶，但一定会加糖。真是难以想象。这样的话，哪还有新茶的味道呢？

　　一般来说，人们喜欢的饮料，不仅像香料一样能为人们带来快乐，还能让人产生客观的心态。社会若不是在腾飞，便容易衰退，我们需要保持稳定的客观态度，不被社会情况左右。虽说如此，若是喝喜欢的饮料喝到花费太多，损害健康的话，便过头了。如今正是凉爽的时节，饮一碗新茶，这是百忙之中能享受的大自然的馈赠。

煎茶道的中兴之祖——上田秋成[1]写道："我什么都做不了了，就只能喝着茶走向生命的尽头了。"说这句话时，上田秋成已经75岁，做完各种事情了。由此可知，茶中蕴含着从容不迫的精神。

----

1 ◎上田秋成（1734—1809）：生活在江户时代后期，作为小说家与歌人声名远播，在茶道上，著有《清风琐言》。

茶花——

薄田泣菫

白瓷杯古色古香，
茶树用它悄悄地从初冬的太阳那里，
汲取水滴般的"孤寒"与"静思"。

一

茶花开得雪白。

草木大多喜欢华丽。唯有茶超然世外，立志隐遁。茶树长在后院的围墙边，自己的天地仅有方丈大小。但茶树这种灌木知道，自己不适合一个劲地伸长枝干。在外形上，它深曲背部，匍匐在地，着实很像隐居者。由春至夏，许多草木想尽享太阳的"青春"与"热情"，高举又大又深的花杯。这时，茶树则只是微笑着，安静地晒太阳。当这些吵闹的草木合上花朵，抖掉叶子，这位谦逊的隐居者才会从厚叶的阴影中，举起小巧的杯子，仿佛此时才轮到它。白瓷杯古色古香，茶树用它悄悄地从初冬的太阳那里，汲取水滴般的"孤寒"与"静思"。

候鸟每日横穿寒空，各朝各的方向飞去，它们忙于自己的旅行，即便碰巧经过此地，也不会落到空地，来探望这位隐世者。茶树不去做客，也没有客人，就这样过了两三天闲寂的时光。一个微寒的傍晚，一位娇小的旅人身着灰色衣服，前来拜访。它身材娇小，却有着较长的尾巴。

谁都能一眼看出，它是一只鹡鸰。

　　鹡鸰虽有灰色的翅膀，却不想翱翔高空。它不断从一个背阴处，飞到另一个背阴处，为求孤独，独自漂泊于世。茶树站在寂寥的后院，这位独行者一看到它，就仿佛找到志趣相投的好友一般，飞了过来，一会儿钻过层层树叶，一会儿又被小树枝绊倒，做了个空手翻。

二

　　《画禅室随笔》的作者，也就是董其昌，曾这样评价茶：

　　　　"茶于目为色，于鼻为香，于身为触，于舌为味，四者皆非茶之正性。故合之似有，离之本无。似有则种种法生，本无则种种法灭。故色不可以目睹，香不可以鼻嗅，触不可以身觉，而味不可以舌知，是法界之茶，三味而已矣。"[1]

　　这种说法似乎有些装腔作势，即便如此，品茶时也切不可忘记，这种灌木过着如此闲寂的生活。

---

[1] 这段文字出自董其昌的《又董文敏书得岸僧寿序册》。

三

　　蔡襄是宋代著名的书法家。有一次，他受友人欧阳修所托，为《集古录》作序。欧阳修为答谢他，送来鼠须笔、铜绿笔格、好茶和几瓶惠山泉水。据说，蔡襄见此大笑道："这润笔费可太少了呀。不过，不俗才最重要。"[2]他用惠山泉煮茶，高兴地赋诗一首：

　　　　此泉何以珍，适与真茶遇。

　　　　在物两称绝，于予独得趣。

　　　　…………3

---

2 ◎欧阳修的《归田录》中记载："余以鼠须栗尾笔、铜绿笔格、大小龙茶、惠山泉等物为润笔。君谟大笑，以为太清而不俗。"

3 ◎此诗名为《即惠山煮茶》。省略的部分是：

鲜香箸下云，甘滑杯中露。

当能变俗骨，岂特澍尘虑。

昼静清风生，飘萧入庭树。

中含古人意，来者庶冥悟。

草木塔——
种田山头火

茶树的形态与树叶的形状都很有趣。
花的姿态充满无欲无求的高雅。

茶花

　　草庵附近有许多茶树，走五步有一株，走十步又有一株。

　　我爱茶树，更爱茶花。我一度忽视了茶花的乐趣，搬到这儿之后，才开始醉心于此。

　　茶树在不经意间脱离了尘世，蕴含着"极尽闲寂的闲寂之人"[1]的观念。而茶花便是它的艺术。

　　茶树的形态与树叶的形状都很有趣。花的姿态充满无欲无求的高雅。

　　柿子树把草庵装饰得像草庵，而这些茶树则装点了草庵周围，让草庵真正成为草庵。

　　有的茶花远离尘世，有的茶花暮气沉沉。随着年龄的增长，我慢慢喜欢上了阳荷、辣椒、生姜和款冬花茎，也喜欢上了茶树与茶花。

---

1 ◎这句话出自松尾芭蕉（1644—1694）。松尾芭蕉是江户前期俳人，目前一般认为，他把俳谐形式推向顶峰，是俳谐的集大成者，提倡闲寂、余韵、轻妙的俳风。

不过，我还不是茶人。这是幸事，也是不幸。

梅花报春，茶花知冬。（水仙象征冬天。）

凝视茶花，我感到苍老，感到人生的冬天，感到身心中流淌的传统日本元素正在涌动。

茶花与人生的冬天正在走来。

柿子

四周都是柿子。到了柿子成熟的季节，草庵的风景极为美丽。

以前，我一直用眼睛来欣赏柿子。成了庵主后，才得以品尝柿子。刚吃到柿子，我就为它的美味而震惊。好甜啊！这就是大自然本身的香甜。柿子告诉我，树木的果实究竟有多甜。真是不胜感激！

初生的柿叶很美，成熟的柿叶也很美。即便到了秋天，不幸降临，柿叶变黄，随风飘落，依然很美。再之后，叶子掉光了，柿树站在冬日的天空下，露出完成应做之事后的平静神色。

日本人不会和日本人谈论柿子的精神。树枝上挂满柿子，盆子里装满柿子，这就已经是艺术品了。

摘下柿子后，少女剥好，递给恋人品尝。

听说，柿子是日本固有的、特有的食物。那么，柿子理所当然蕴含着日本的味道。

大家一起边摘柿子，边吃柿子。

枹栎叶

枹栎叶很胆小。就算微风吹过，它们也会发出声音。大多枹栎叶就算枯萎了，也不会离开树梢。而且无论昼夜，它们都在窃窃私语。

我深夜回来时，它们便在头上跟我打招呼。

我没有客人，也不去做客时，在枹栎周围走走，就会有一两片枯叶缓缓飘落。

枹栎叶呀，请永远保持天生的纯真吧！你天性刚强！

听！枹栎叶枯而不落的声音。

第三章 ※ 茶事

连入门都没做到。

方面的乐趣，那就

无论有多少茶室，多少茶器，多少抹茶，若是丝毫不理解茶的趣味，不知晓茶道在精神

茶道杂记——

伊藤左千夫

茶道并非给别人看或听的技艺，
主人与客人本身就是趣味的一部分。

一

　　我希望有朋友能和我一起体会茶道的乐趣，哪怕只有
一位也好。世上有不少人喜欢画作、和歌与俳句等。但却
很少有人能真正地品茶。通过画作、和歌与俳句等交友不
难，而想要找到一位同样爱茶的人，却相当困难。

　　当然，世上也有一些茶道大师。从古至今，很多女子、
孩童和隐居的老人胡乱模仿他们，这当然无论如何也算不
上是真正的品茶。那么世人是如何看待茶道的呢？有人说，
茶道属于贵族，无论如何也不会成为普罗大众的娱乐活动；
还有人说，茶道很奇特，特别注重形式：总而言之，就是超
出常识的东西。这些都是世人的臆断，这些人对茶道真正
的美一无所知。不过，在世界博览会等场合，谈到日本的
古代美术品，人们首先会说出茶器。在巴黎博览会和芝加
哥博览会上，人们甚至展示了茶室。此外，如果在日本举
办与美术相关的展览会，某公某伯的藏品中，一定会有些茶
器。像这样，东洋的美术国家——日本的古代美术品中，三
分之一是茶器。

然而很可惜，虽然有人仅把茶器当作古董来玩赏，却很少有人真正爱茶。上流社会的堕落氛围何时才会消失？他们玩弄金钱，沉溺于下等的淫乐，除此之外就是醉心于流行的衣服和头发等极为浅薄的娱乐。这实在令人叹息。如果这样的话，无论是提高家庭的品位，还是进行更加风雅的娱乐，他们也仍保持着狂躁、低俗而放纵的风气。他们徒然被称作华族[1]与大臣。看一下他们的品位，哪里像是华族与大臣？

即便不喜好文学等，也可以或深或浅地以茶道等为乐。当然，茶道最贴近生活，最适合家庭，而且清静高雅，有助于所有方面的精神修养。但为什么人们频繁地从西洋等地引入新型家庭游艺，而忽视具备国民品质特色的本土茶道呢？或许这也是因为茶道很复杂，而且蕴含着过于高深的理想吧。但应该还有一个因素，那就是如今上流社会的通病：不缺才智与学问，但个人与家庭都缺乏品位，满足于任何人用金钱都能买到的最浅薄、最庸俗的娱乐。

如今，面对这种种问题，出现了大量纸上谈兵的研究。但几乎没人指出，怎样实际解决问题。防止他们堕落的最佳方法，就是把茶道真正的美传授给如今的上流社会。那些忽视实行方法的研究人员似乎更是没有注意到这一点。

1 ◎华族：日本在1871年取消旧身份制度，将国民分为皇族、华族、士族、平民四等。华族是仅次于皇族的贵族阶层。

江户时代初期，战乱逐渐平息，武士们享受着和平的生活。但在这个时期，他们的内部竟然没有出现多少腐败现象。想来，这一定是因为以将军家[2]为首，无论领地大的武士，还是领地小的武士，都会举办和自己身份相称的茶会，这促使茶会流行开来。此事当然也有弊端，但无疑是平日里保持武士品位的有力手段。

如今，一些研究者专攻社会问题，跟他们聊足以向外国人炫耀的日本美术作品时，他们会立刻谈到茶器，但他们却不试着想想，茶道是否和社会的风俗教化问题紧密相关？这令人难以理解。不过，他们大多生长在没有风趣与品位的家庭，往往本来就不知道茶的真正趣味，所以没能把茶道当作社会问题的研究对象来考察。

大多数人完全不理解其中的趣味，似乎有人甚至认为，茶道之类的，就不是堂堂男子汉该做的事情。他们即使阅读历史故事，端详茶器等，也会认为那与如今的社会问题毫无关系。而对欧美传来的事物，即便是相当低级的诡辩之事，他们也会叽叽喳喳地极力关注。无论在什么情况下，这种无须修养，立刻就能完成的事情，一定极为浅薄。茶道是日本唯一一个冠绝世界的美丽习俗（或许世界上任何一个国家的国民都不具有像日本茶道这样优秀的游艺）。这

2 ◎ 在江户时期，将军是当时最大的封建主，可以认为，到江户末期为止，将军是日本实际的统治者。

项优秀的游艺十分灵活，既可以用于社交，也可以在家里举办。而世间的有识之士们竟对它视而不见，这究竟是为什么？

如今的有识之士不缺知识与学问，能深入理解一切，所以能言善辩之人可以就趣味与诗歌，或者理念、美术以及美术生活等高谈阔论。但实际上，看一下他们平日里的爱好就会发现，与其说他们浅薄而低俗，倒不如用"可怜"一词更加贴切。如今，人们不举办纯诗意的、纯趣味的茶会，这不是因为难以举行，而是因为人们如今的爱好与茶会中的乐趣大相径庭。

人们说，看一下如今上流社会的宅邸，每家都有一间茶室，所以现在还是有茶道呀。这样想的话，就大错特错了，这正是茶道被世人忽略的原因。无论有多少茶室，多少茶器，点多少抹茶，若是丝毫不理解茶的趣味，不知晓茶道在精神方面的乐趣，那就连入门都没做到。无论在主观上还是客观上，都要做到清洁、整齐、调和、乐趣，以此为经、以用餐为纬的诗意动作，才是茶道。有的人无视家庭的整齐与和谐等，张口就是情人茶室，某家宅邸，某个宾馆、外宅与别墅，还有的人一心追逐名利，进行一些只要有钱谁都能做的下等娱乐，这样的人丝毫不了解茶道。哪怕稍微了解茶道的乐趣，也不会以如此低劣而愚昧的方式作乐。

　　已故的福泽翁³似乎秉持金钱本位主义，但他在《福翁百话》中写道，围棋也好，将棋⁴也好，一个人至少要有一项爱好，没有任何技艺与爱好的人最难对付。不愧是福泽翁，从一个角度洞悉得如此彻底。整天想着卑劣的淫乐之事的人，一定没有爱好。

　　研究社会问题的论客开口就痛骂，官吏与上流社会腐败，绅商卑劣，男女学生堕落。但尚无切中要害的解决方案。他们确实普遍堕落，若想拯救他们，就必须思考，他们为何都奔赴堕落的深渊。

　　人无论变成什么样子，都需要娱乐。从喝奶的婴儿，到濒死的老人，都需要一定程度的娱乐。这与肉体需要营养一样，不过，若想成为社会上真正的人，一个人的娱乐活动就必须具有理念。不过，具有理念的娱乐，或者说有品位的娱乐，并非通过金钱的力量就能获得，而是需要具备修养才能得到。

　　在我看来，现在上流社会堕落的原因是：

　　世上有一种浅薄的错误观念：力量，尤其是金钱的力量，可以满足人类所有的要求，包括幸福与娱乐。他们堕落的原因便是这种观念普及开来了。思潮如水，易浊难清，转瞬间就被浊流支配。所谓的当今上流社会之人，欠缺对

---

3 ◎ 福泽翁: 指福泽谕吉（1835—1901）。他是日本明治时代的启蒙思想家。

4 ◎ 将棋: 一种棋类游戏，两个人使用将棋棋盘与棋子进行对弈。

精神爱好的修养，这导致他们不具备能够理解高雅娱乐的
头脑。因此，他们当然会相继奔向浅薄而低劣的娱乐。不
得不说，堕落也是理所当然。他们令人怜悯，但并非生而
卑劣。他们的错误观念和懒散招致了今日的不幸，他们应
该偶尔会感到惭愧，但他们一开始就忽视了神的眷顾，误
入卑劣的世界，他们堕落到对高雅趣味感到痛苦的地步，
如今即便后悔，也感到束手无策。话虽如此，他们虽然知
道人类没有娱乐就难以生存，但还是会用自己擅长使用的
金钱的力量，来满足浅薄而卑劣的欲望。佛教徒所说的坠
入地狱大概就是指他们这样的处境吧。真是令人怜悯啊。
他们只具备兴趣与品格的表面形式，却没有欣赏娱乐的资
格。因此，如今如果想拯救他们，唯一的权宜之计，就是
把爱好的光明和修养的价值教给他们。有品位的娱乐不一
定是茶道，音乐和美术自不待言，盆栽园艺、和歌俳句等
也都不错，围棋和将棋也可以，有修养的人能欣赏的艺术
即可。当然，如果只浮于表面，不体会精神的话，也是无
用的。我特别举出茶道的原因是，茶道拥有善与美的历史，
它与生活有密切关系，具有家庭的气息，还以人类普遍需
要的餐饮为基础，最容易调和社会关系。其他的高雅艺术
大多需要天分，偏向个人层面，难以和大家一同进行，所
以无法几个人一起体验。茶道虽然蕴含高深的理念，但在
初期，常识部分比较多，有一个人引导的话，就可以几个
人一起体会其中的乐趣了。

二

　　若是打听一下欧洲人的风俗习惯，会发现他们的风俗
习惯并非全是值得敬佩的优良风俗。不过，也有很多风俗
会令我们感到羡慕，并且心想，他们真不愧是先进民族啊。
其中，有一点特别值得我们夸赞，那就是他们怀着强烈的
兴趣，享受日常的用餐。这并非只是个人喜好，而几乎是
整个社会的风俗。实际上，这个风俗具有伟大的力量，人
们仿佛受到神的指令一般，遵守着这个风俗。我并不认识
欧洲人，不曾与他们同桌进餐，所以不知道真实情况，但
根据我从各个方面了解的消息，我发现那很可能酷似日本
的茶道精神。这是因为二者都是饮食方面的事情，在兴趣
上的研究当然会取得相似方向的成绩。无论走到哪里，日
本的茶道都有主人，有宾客，而欧洲人的这项风俗十分自
然，既可以分主客，也可以在家庭成员中进行。日本的茶
道具有特殊性，而欧洲人的那项风俗则具有日常性。我们
十分感叹和敬佩的正是其所具备的日常性和家庭性。

　　人类拥有无穷的喜好，其中，对饮食的兴趣最具普遍
性。无论大人还是小孩，贤者还是智者，只要没有生病，每
个人都能知道自己在饮食上的喜好。以最普遍的饮食为经，
以相关的各种兴趣为纬，统一家庭，探求社会的和合之道，
这可谓是神的旨意。西方重视晚餐，这似乎有深刻的含义。
男女老少在白天各自做自己的事情，在一天的最后，享用

备好的晚餐，而且做好与每个人身份相称的准备。他们并没有彻底沉浸在日常生活中，一家人整理好服装，调整心情，向神明致谢，享受食物，这是多么有趣的事情啊。礼仪和兴趣和谐有序，所谓的圣人之教便是如此吧。我听说这是普遍的风俗，便不禁感叹，真是优秀的风俗啊。最初确立如此优秀风俗的人，究竟是多么伟大的圣人？这无疑与民族的优秀品质有密切的关系，但也一定多亏了先觉，先觉努力推动这一优秀风俗的普及，让人们养成这样的习惯。

在果园里，如果栽培得好，就一定能收获好果实。那样的优良风气培育出的民族最终成为优秀的民族也绝非偶然。谈到欧洲现在的情况，人们一定会提到政体、宗教和学问等，但这些都不是根本问题。家庭的美好风气拥有解决人类肉体和精神上根本问题的力量。拥有如此美好风气的诗人，在很久以前大概就已经完成研究，并且认清自己和周围的环境了。许多人认为，吃晚饭前要整理仪容，像女子一样梳妆打扮，这些形式太麻烦了，认为这只是麻烦的风俗，小题大做的形式主义，以至于轻视此事。显而易见，持有这种观念真是悲哀啊。正因为广泛确立这种仪式，才得以形成具有力量的美好风俗，统一家庭，进而管理社会。如果把娱乐当作本能，没有礼仪精神，那必定会流于散漫，无法成为日常的礼法；相反，若是把礼仪当作本能，缺乏娱乐的趣味，那么人们会感到厌倦，这个风俗就不具

有持久性。只有适当调和礼仪和娱乐，美好风俗才会焕发
强劲的生命力。这种精神与茶道精神基本一致，但欧洲人
将此视为日常的事情，这真是令人羡慕啊。他们自称先进
民族，这绝对没有夸大其词。

东洋人总是偏重精神，自古以来就极为轻视饮食问题
等。关于饮食与家庭、饮食与社会的问题，没有任何研究。
不仅如此，士君子反而以谈论饮食等为耻（当然，茶道是例
外）。如今，饮食恐怕仍未被视作重要的问题。世人谈到饮
食问题，如果不是在谈论卫生问题，那就是为了美食方面
的娱乐。最近，人们比较关注饮食问题，家庭菜式与美食
之乐等十分流行。我没有说这些不好，而是强烈希望，热
衷于这些事情的人今后能够深入思考。

如果仅满足于美食带来的快乐，就无法涉及家庭问题
和社会问题。当然，村井弦斋[5]等人所说的美食之乐似乎也
涉及卫生问题和经济问题。但我希望，各位今后能以稍高
层次的精神来做研究。当然，美食本身也包含趣味和礼仪，
但如果在饮食这一问题上，只把美食的快乐当作本能，那
么这无论如何也只是浅薄的问题，并非士君子应当谈论的
问题。

正如我多次说过的那样，谁都知道，对欧洲人的晚餐

5 ◎ 村井弦斋（1863—1927）：小说家、记者，他的实用性家庭读物《美
食之乐》很受大众欢迎。

习俗和日本的茶道而言，美食并非唯一的目的。人类的动作、屋内装饰器物的排列方式、面对面谈话、熏香与声音，这些的乐趣相辅相成，在高雅的娱乐中，人们自然而然地受到伟大的感化。不仅如此，信仰的力量和习俗的力量也会发挥作用。因此，人们会在那里得到滋养。

当然，欧式的晚餐和日本的茶会并非完全一样，但有许多颇为相似之处。若是对比来看，欧式晚餐的美好之处在于它的家庭性与日常性，而茶会的优点则在于它是纯诗意的。从趣味来看，茶道确实达到了很高的境界，而从家庭问题和社会问题来看，欧洲人的晚餐确实是美好的风俗。如今的茶会当然也有弊端，但毫无疑问，任何事情都有弊病，我们可以暂且不提。一方面，人们当然可以举办纯诗意的茶会。但另一方面，我希望能像欧式的晚餐那样，向日常的人类活动中加入茶道精神，让所有阶层的人都能在一定程度上体会其中的趣味，受到感化。

古时候的茶道与如今的茶道不同，并非特殊的人类活动，也不像世人想象的那般苦涩与奇特，而且并不重视极为浅薄的形式，即便没有形式上的道具，也可以举行茶会。千利休说："有法非茶，无法亦非茶。"因此，只要稍加准备，就可以轻易把日常的饮食转变成茶会。但，如今的日本家庭里没有餐厅，这是个问题。很多家庭虽然有厨房和吃饭的地方，但没有特意为聚餐而建的餐厅，我非常希望确立各家各户设置餐厅的风俗。若是可以做到这一点，接下来就很简单了。根据情况加以装饰，摆放设备，这都很有意思，不必模仿四叠半茶室等。无论在什么时候迎来客人，只要保持礼仪和趣味就好。这样的风俗一旦形成，细枝末节的形式也会自然出现。所有人应该都会认同，根据一贯的理念，调整家庭，享受家庭，是一切人类活动的根基。饮食是自然规定的人类活动，利用饮食，取得礼仪与趣味的协调，这是调整家庭与享受家庭的最好方式，应该没有人会不同意这个观点。或许有人会说，即便不这么做，也可以调整家庭，享受家庭。我也不反对别的方式，若是有其他良策，那也很好。但我绝不相信还有其他更好的办法。

三

我曾认为，茶人都是愚人。证据就是，外行人没有像样的作品，而茶人的作品几乎都不值得看。就算有名的茶人，也连一本著作都没有，所以茶人就是愚人，茶很有趣，但茶人没什么能力。千利休和千宗旦另当别论，其他的茶人什么都不懂。现在想想，那是我想错了。茶道是生机勃勃的诗意技艺，基于多方面的整体趣味，只有遇到正确的人才会现身，所以当然无法被写出来或是说出来。茶道在建筑、露地、木石器具、态度等方面，都具有自身的乐趣。搭配、调和与变化等等都是关于乐趣的活动。正如乐趣无法解释，茶道也绝对无法解释。即便写着焚香，香的香气也无法显现在文字上。有趣的茶若是被记载下来，就会变得无趣与牵强附会，成为极为无聊的笑话。调整器物，适应天气的变化和朝夕的人心，在安排与调和中，加入新意。欣赏古老书籍，品鉴古人书法，主客的对话与起坐的态度全部以畅快舒适为目的。视、听、尝，不偏重任何一方，浓淡相宜，集散适度，综合高度复杂的趣味，享受极为淡薄的雅会，这就是茶道的精神。茶道并非给别人看或听的技艺，主人与客人本身就是趣味的一部分。

因为到处都充满趣味，所以人们会产生这样的心理状态：一粒灰尘令人感到碍眼，一处没有摆放好的地方也引人注意，就连庭院里粘了土的石头，也不能对它置之不理。体会乐趣的神经非常敏锐，从每个动作中，都能感受到乐趣。打扫庭院自不待言，就连更换洗手盆里的水，也会感到强烈的清爽。迎来客人，感受谈话的乐趣；送别客人，便重新填满幽寂。到了秋天的夜里，会因为兴趣正浓，难以入眠。因此，能体会茶之趣味的人不会感到无聊，内心十分活跃，可以在极为微小的事情中发现乐趣。爱茶之人一定不会做在白天糊里糊涂地睡觉之类的事情。一个人如果认为茶道只是幽静的爱好，那一定对茶的趣味一无所知。茶人虽然并不悠闲，但也几乎不会进行逻辑思考，或是看书，抑或是沉浸在空想之中。正因如此，茶人无法写出著作，无论如何也不能成为知识渊博之人。因此，我们可以把著作之类的东西，看作茶商与俗世茶人的外行言论。或许，拥有许多乐趣的人理应没有著作等成果。就连松尾芭蕉和与谢芜村[6]那样的人，都几乎没有什么著作。写书的人无论说得多么天花乱坠，仿佛自己什么都懂，但实际上往往缺乏高雅的趣味。万事通里也没有真正通晓万物之人，这也是一个道理。太宰春台[7]之类的蠢货真是不值一提！

---

6 ◎ 与谢芜村（1716—1783）：江户中期俳人、画家。

7 ◎ 太宰春台（1680—1747）：江户中期儒学家，著有《经济录》和《圣学问答》等。

对现代茶人的批判——
北大路鲁山人

艺术不是科学。
现在这个时代，
科学兴盛，
艺术凋零。

现代茶道名人松永耳庵在《陶》上，写下这一教诲：陶艺家必须铭记，你们应当了解茶，接受茶人的指导，否则便无法制出茶器。

松永耳庵平时就很喜欢茶，热衷于收集茶具。他还发表了各种关于茶的论说，这次呼吁陶艺家了解茶，对这样的由衷之言，不仅陶艺家，任谁都会首肯心折。不过，我认识松永先生，所以也不好要求他重新深入思考。但只有进一步思考，才能孕育出新的生命。松永先生是为了世间能够诞生著名的茶碗。这种茶碗是饱含艺术生命的名作，正因为具备旺盛的生命力，才成为著名器具，长期为鉴赏家所推崇。松永先生想要鉴赏名器，当然会急切地盼望制作名器之人出现。我很理解这种心情。

但焦急地大喊：陶艺家啊！了解茶道吧！接受茶人的指导吧！胡乱敲响警钟，上演这样一出剧，真有警示作用吗？真的像他所期待的那样，有实际效果吗？抑或是难以为人们所接受，不了了之呢？我认为，有必要探讨一下此事。不过，松永先生这些话并非他的原创，茶人们本就常常念叨此事。因此，很久以来，谁都常常想说这种话，这话不足为奇，甚至旧得发霉。现在再说，听起来十分傻气。而这一次，松永先生仅仅重复了一遍这种话。

不过，也有陶艺家看到"陶艺家啊！"，便深有感触，内心振奋，但这也未必能激起惊人的浪花。如果提醒的话语只是些陈词滥调，那它的作用便会受到质疑。不仅如此，因为这些话从未发挥作用，我们便有理由相信，这一次，它也不会具有足够的效力。

若对方本就对茶一窍不通，那情况就更糟了。我敢肯定，很多人平时无法接触到著名的陶器。如今的陶工要么对茶认识浅薄，要么想学茶却天分不足，要么没有天分且与茶无缘。对这些人说：了解茶吧！这样的话你就能制出著名的茶碗了哟！看看世间著名的陶器，领悟名品的奥秘吧！一定要跟茶人学习，理解茶道精神啊！……不知松永先生觉得，这些话有什么用呢？这也不会让他们投身茶道吧？世人的水平没有我们想象的那么高。对"刚想稍稍学习茶道，就立刻会听到的老生常谈"，人们往往会左耳朵进，右耳朵出，基本不会有人老老实实地去做。不过，论说之人如果有这样的诚心：就算听者不采取行动，自己也不放弃，那就应当进一步分析并改善自己的观点。为此，首先，必须认真审视自己，反省并了解自己究竟有没有资格指导别人？是否有信心已经充分领悟茶道？这些既是重要的问题，也是自己的责任。作为指导者，作为别人求教的对象，必须确认：自己是否有自信说，自己的日常生活与

茶道的精神完全吻合？自己是否完全掌握真正的茶道，而
非世人挂在嘴上的茶？即便已经把制作茶碗的技能交给陶
工，即便不勉强自己写字写得跟过去的著名茶人一样漂亮，
也要写得风雅，有气度，至少也要超越粗俗书法。我认为，
仅根据我见过的作品来说，元禄[1]以后，就没有令人敬佩
的茶人书法作品了。有一些著名的茶人作品流传至今，但
无论是书信，还是器物盒子上的题名，抑或是竹花瓶或茶
匙上的文字，大多十分粗俗，这着实令人震惊。茶人以日
本茶道的传统为荣，就连这样的茶人也逐渐堕落，实在是
遗憾啊！这到底怎么回事？我百思不得其解。这样的粗俗
书法从何而来？是什么孕育了它？一直以来，宗家作为茶
道的嫡系而为世人所崇敬。过去的著名茶人必定具备一些
特质，而后世的茶人居然不能理解这些特质，究竟发生了
什么？

　　著名的业余茶人也是如此。明治时期[2]以后，就算鼎鼎
大名的御殿山[3]也写了一辈子粗俗书法。无论是啤酒翁，还
是本牧、青山和赤坂，都与屈指可数的著名茶人一样，闻
名遐迩。尽管如此，看一下他们的字迹，还是会深感意外。
他们的字虽然都不差，十分工整，但都是粗俗的字体。真

---

1 ◎元禄: 日本年号, 指1688年9月30日—1704年3月13日。
2 ◎明治: 日本年号, 指1868年10月23日—1912年7月30日。
3 ◎御殿山: 指益田孝 (1848—1938), 号钝翁, 著名实业家, 创立了三井
物产会社, 也是著名的美术收藏家。

是遗憾!

　　说到这里,会出现一些卑劣的想法:这样的话,就不能太指望茶道教育了,那会让我们迷失方向;正因为茶的存在,我们才走到这样的地步;没有茶,就不会知道他们多粗俗。若是这样想,就不必再聊了。无论如何,松永先生的观点是:接受茶人的指导,就能制出优秀的陶器,像初期茶人那样写一手好字,还能正确理解艺术工艺。过去的实例已经被逐渐证实,这种观点不符合现实。如今,若是对人家说,陶艺家呀,学学茶吧!听者一定会谨慎地笑笑而已。但我并不是说,茶道教育没有价值,白费功夫,是无用的多余之物。相反,每次看到对茶一窍不通的人,我也会感到不快。

　　陶艺家老老实实地接受以往的茶道教育,就能理解陶器,领悟陶器的秘诀。这种说法会让人们草率地采取行动。说这种轻率的话时,一定要慎重。就算生在千家十职[4]的宗家,也不一定能制造出饱含过去茶道精神的工艺品。看看这些事实,人们应该就能明白,太多证据证明,有人指导也不一定能制出名品。因为某某茶人指导过他,所以他真不愧是名人啊,这种说法我从未听人说过。就算有人指导,也很难制出名品。所以不要轻率地说这种话。

　　有人认为,千利休创造了长次郎式茶碗,古田织部创

4◎千家十职:指日本千家宗师指定的十个制造茶具的家族。

造了织部陶瓷。我认为不可跟着大流，徒劳地随声附和，一定要谨慎。若是盲从民间流传的说法，不免被人说见识短浅。因此，我强烈主张，关于利休创造了长次郎式茶碗的这种说法，今后要多多探讨，加以考证。而对古田织部创造了织部陶瓷这种很容易被大家接受的说法，我也认为不能简单地盲从。

有人轻信且严格遵守从前传下来的学说，再加上指导者的力量助阵，就能创造出富有生命力的物品。我认为，轻信这种观点十分危险，所以多说了几句，不，是很多句。

本来，一个人若想靠对茶的兴趣安身立命，那就要以茶道的标准要求自己，举手投足都肩负重大责任，绝不能一笑了之。

如今的茶人可以满不在乎地脱离茶道精神，常常发表奇怪的见解，胡乱做出低劣的行为，所作所为全是谎言，全是虚礼。这么说绝不夸张。如今的茶充斥着可笑的虚礼。茶人不知自省，我这样说有些不讲人情。所有的茶人都是乐天派，诚然是相互夸赞的团体。常常见到有人连续修炼三年茶道，或是得到了四五件名品，就觉得特别了不起，高兴地沉醉其中，不能自拔，这真是可笑。在真正学习茶道的人看来，他们真是鄙俗不堪，甚至觉得他们简直不像是人，更像是猴子。人们常说的骄傲自大，就是指现代茶人的状态吧。他们花钱的方式有善始，而无善终。这种人时而像猴子一样装模作样，一会儿又洋洋得意，尽全力炫耀的模样。有人说，这就是现代茶人中不可理喻的典型。大多数现代社会的知识分子看到这种人，会完全无法理解。两方相争，谁也无法取胜，这种争斗大概会永远持续下去吧。若有一天定要一决胜负，那结果也会是两败俱伤。此时，谁最如鱼得水呢？应该是整天废寝忘食地盘算着如何做茶具生意的人吧。卖茶具的不一定是旧货商。买家常常也会变身成卖家。怎样算是旧货商？怎样算是买家？标准十分模糊。也不知道真正的茶人在哪里皱着眉头。

因此，巧言令色的人不一定是旧货商，有茶人气质的老主顾更懂花言巧语，说得旧货商一愣一愣的。人们分不清到底谁才真正具有商人的本事，这就是现实情况。我们也找不到，那些是真茶人的高尚之人究竟默默地坐在哪里。我们看到茶界的现状就是这样。无论如何，尽管他们巧妙地藏起自己那过多的世俗欲望，但无论如何，这些人的鉴赏能力迟早会变得浑浊，他们的眼睛充满世俗的欲望，再也容不下真正的美。就算把名画书法与著名器具放在他们面前，他们也只会囿于旧货商的那套观点，一步不前。世俗欲望是阻碍探求美与真理的最大障碍。此事如此重要，许多人居然一窍不通。旧货商说着以前传下来的老一套说辞，一代代茶人传承旧习，却不知道为什么要传承。几乎没有人教给后代如何拥有鉴赏力。最近，没有人提出独创的见解，这正证明了没有天才诞生吧。现在的人们不理解美，不懂艺术的精神，也不知道敬畏万物。从起居举止，到说话措辞，他们都沉浸在旧俗中，只有他们那个小圈子才喜欢这种旧俗，圈子里的每个人都说着同样的陈词滥调。他们的声音与表情可谓是对模仿的模仿。现代茶人毫无个性的光辉，还认为满是旧习的僵化世界才是茶道。因此，现代茶人毫不怀疑这样的茶道，莫名其妙地乐此不疲，还会指着不参与这样奇怪活动的人，狂妄地称其为俗人，直接诽谤他，称其低俗。这真是令人不得不苦笑。就算只把茶道的老一套习俗记下来，也要花个三年五载。学会之后，还要在茶会上，为讨好别人而说一些拙劣的玩笑。青山翁等人完全不擅长此道，而御殿山在这方面可谓登峰造极。茶会是笑话？是滑稽剧？是耍猴儿表演？还是相声？真是不伦不类。

　　我心里也不想说这些坏话，轻率地评价现代茶人。其实，连我自己都看不下去，深感过于无礼。我现在都还在自责，一定要用那么庸俗的话语来传达想法吗？但既然打算直言不讳，不为奉承别人而撒谎，坦率而清楚地说出所见所想，我就不得不使用这样蛮横的文字，因为我这个人比较粗鲁。事到如今，我想试着修改文字，也束手无策。

　　虽然松永先生可谓是咎由自取，但这对他而言，也是飞来横祸。我一开始也没想像这样利用松永先生。情势所趋，我也无可奈何。就算不提松永先生，也有许多人有着相同的毛病。面对别人的工作，他们往往以为自己见识广博，高傲自大。而且他们丝毫不觉得自己狂妄自大。他们当然不认为自己在不懂装懂，夸夸其谈。相反，他们以为自己十分诚恳。

　　这些"诚恳之人"有种幼稚的想法：按如今的方法，也能制出过去的茶碗。但古今工匠的素质根本不同。工匠所处的社会也彻底改变了。现代工匠的生活观念中，完全没有古人的气质。如今的情况不是靠着三分钟热血便能迅速改变的。临阵磨枪，难有成效。那些"诚恳之人"完全不懂这个道理，所以松永先生才会出言不当，引人误解。他们的诚恳应该恰恰来源于人生经历的不足。这些幼稚的人们把如今的十家茶具店，比作古时候传下来的千家十职，叽叽喳喳地胡乱评论。真是没有自知之明。不仅如今的十家茶具店，任何一位工匠，若是能够穿越时空，回到两三百年之前，都会被批评说：技术有问题，缺乏素养，热情不足，没有为作品注入灵魂。如今的大多数工匠听到这些批评，根本无法理解，也无法作出判断，只能呆滞地望着对方，连寒暄都不会。

　　"诚恳之人"完全不懂这个道理，一个劲儿地催促如今的工匠，为作品感到焦躁。在旁观者看来，这真是荒谬。到头来，"诚恳之人"会让本就是半吊子的工匠变得更加差劲。或许，这就是世上最多余的帮助。用最近的话来说，这就是没有干涉资格的人进行了不当的干涉，这种行为是没有考虑过后果的。我想说，他们在干涉时，既没有预料

结果，也没有考虑对方的才能，真是闲着没事找事……我
用这么确定的语气来谈论如今的陶器工匠，也有些忌惮，
但他们确实没有领会茶道的要领。就算他们试着谈论茶碗
的优点与规则，那也与工人们的实际生活毫无关系。制造
茶釜的工匠、园艺师、劈竹子的工人，"诚恳之人"想逐个
评论，但这终究没有意义。这个道理可谓显而易见。高雅
之人不由得发笑，感叹他们真是多管闲事的粗鲁之人。

　　懂茶之人感慨，如今的茶碗已经不配用来饮茶了。但
这也是无可奈何的事情。不仅茶碗，一切都不像样，现在
的社会真是惨不忍睹。对过去半知半解，就希望在今天
取得成果，这是痴人说梦。找遍整个日本，也找不出一位
三百年前那样的茶碗工匠。太阁秀吉曾召开大型茶会，如
今的社会没有那个时代的氛围了。过去的艺术品诞生在过
去的土地上。我们应当明白，是过去的社会让那些工匠制
出美丽的作品。如今只有丑陋的茶碗，这是因为如今的社
会就是丑陋的。为了在这个丑陋的社会制出美丽的茶碗，
临阵磨枪，强行要求工匠们接受茶人的指导，制造茶碗，
这是极为鲁莽的做法。若是有茶人的指导，就能制出美丽
的茶碗，那么代代生长在茶道氛围中的京都乐家[5]，岂不是
代代都能制出美丽的茶碗？然而，乐家只出现了一位大师，
之后就再也没有人能制出令人满意的茶碗。后人都不配称

5◎乐家：制造茶碗的世家，千家十职之一。

吉左卫门[6]。这是为什么呢？虽然制茶碗的家主在茶道的熏陶下长大，但制作风格随着社会潮流逐渐没落，这也无可奈何。除非意外地出现天才，否则毫无办法。除非出现奇迹，比如出现德川末期的良宽和尚那样的大师，否则在今日难以恢复昔日荣光。

过去，御殿山在自家建窑，聘请陶器工匠，向他们展示自己收藏的著名器具，多年尝试制造风雅的陶器。在我看来，他彻底失败了。这是因为，钝翁的想法从一开始就不真诚。这件事情开头就不纯粹，不免被人指责说浅薄。不言而喻，在这种情况下，艺术岂能诞生？何况迫使陶瓷工匠完成如此大业，这种做法本就十分可笑。人们看到这样的丑态，还纷纷模仿。御殿山招聘陶工，青山尝试在自己家建窑。对这种不理解器物的行为，至此，我已经不想评价了。他们二人虽然都收集了许多美术品，但从始至终，与美的精神毫无关系。真是悲惨。无论是御殿山，还是青山翁，我都予以大量指导，却毫无效果。

尽管清楚地看到了这两位的失败，还是有自以为是之人会跳出来。下一位小丑就是久吉翁。久吉翁这个人，就算被扔出赛场，也绝不承认自己失败，自以为天下第一。他在名越地区的自己家里建窑。希望能够重新制出志野

---

6 ◎吉左卫门：乐家家主代代相传的艺名。艺名代表着权威与技艺等。

烧[7]、井户茶碗，以及仁清[8]的作品，目标十分高远。然而，他为此从京都请来的却是当时的染布工人，而不是茶人。第一次尝试失败了。第二次，他似乎立志要成功，聘请了濑户[9]的工人。之前，这些工人中，有的人负责清扫卫生，有的人在厨房里跑腿。他请这样的工人制作志野烧、井户茶碗和仁清的作品……他一定是想着，即便工匠水平低，我也能指导，从前，远州也可以指导各种人啊。但久吉翁指导时，一定十分傲慢。做出来一堆茶碗，却都像是猫饭碗。七八年后，他就去世了。应该不是因为无颜面见世人愤懑而死吧。没有技术的手艺人，没有天分的匠人，不关心美的工人，没有个性的人们，没有内涵与品位的物主，想靠着这些人重现稀世名品，心怀如此野心可谓是世上最愚蠢的事情了。

以前的著名作品要么出自难得一见的天才工匠，要么是时代的产物。世界上每个国家在每个时代都留下相应的产物。三百年前，或是五百年前，都各自留下与那个时代相应的物品。若是追溯到千年前，那时孕育出了更加辉煌的美术。

这样看来，时代与人创造了作品的价值与美。没有优秀的名人，优秀的作品便无法问世。不过，可以确定地说，

7◎志野烧：多为茶具，表面有厚厚的白色半透明长石釉。
8◎指野村仁清（生卒年不详），江户初期陶器工匠。
9◎濑户：日本著名的陶瓷生产地。

黄金时代孕育了优秀的人类。若是没有黄金时代，便没有优秀的工匠，自然也就没有优秀的作品。艺术不是科学。现在这个时代，科学兴盛，艺术凋零。

乌桓

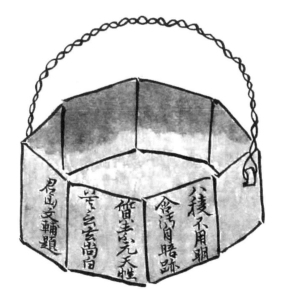

八稜不用眼

金汤消暗跡

僧圭定无天性

芳芷玄尚白

君山文輔題

茶美生活——
北大路鲁山人

整个茶事构想中，
若是缺乏审美，
那么茶道就会崩塌，
沦为谎言，
毫无意义，
彻底堕落。

　　刚过年，我就攻击以茶为乐的人，这不太吉利。而且大家应该会集中炮火回击我。但我实在太爱茶道了，遏制不住自己的想法，才硬要说出这样的爆炸性言论。还望各位原谅。

　　茶人重礼节，既然我想向茶人开战，那就绝不能低三下四，也不能太过客气。倒不如想说什么就直说吧。我想，如此单刀直入或许正是真正的礼节，又担心这种充满压迫感的说法是否有效……正当我这样想的时候，我突然意识到，顾忌这么点小事，真不像自己，便打起精神头，开始论说。

　　但我知道，毫不客气地谈论别人的事情时，即便万分小心，也会多多少少给人带来困扰。我不会没心没肺地过度指指点点。我也早就做好有错便认错的准备。

　　既然打算想说什么就直说，那我一定要尽情倾吐。我想谈论的第一个问题是：我们懂事后，会认识一些茶人，我们以这些茶人或对茶道的兴趣为基础，形成了享受日常生活的行为方式，这种行为方式有多么灿烂？另一个问题是：它的光辉是否不亚于其他爱好？人们能否一直喜欢它？

一些生活在三四百年前的人，聪明而有品位，还具有高尚的情操，凭借自己对茶的喜爱，苦心孤诣，创造了充满智慧之美的茶道。这样的茶道如今是否会被糟蹋？

坦率而言，仔细想想，茶道现在只剩下一丁点了，无依无靠，燃烧着余烬。

前几年，我在金泽市做了一次演讲，听众是许多茶道家（我也不确定能否这样称呼他们）。我说了下面这段话，这还成了新闻素材。

"当代人的茶事活动是极其无能与平凡的产物，毫无思想，甚至愚蠢地限制着人类的自由。"我半开玩笑地说出了平时的想法，只是闲扯而已，不是警告，也不是嘲讽，却平地掀起波澜。不仅如此，我接着说出以下极端言论，最终引得听众沸腾起来，留下一场不成熟的演讲记录。

"茶事是古人苦心创作的，我们曾听别人讲授茶事。而今后，茶事对穷人来说，连模仿都不能模仿，更不能去体会了。站在穷人的立场上来说，这实在太可惜了。但如今贫富差距太大，茶器只能流向一部分人。富人独占各种茶器茶具，穷人不得不远离这些梦寐以求的器物，只能倾听过去的余韵。今后，这种现实情况一定会持续很久……

"因此，虽然茶香中蕴含古人高远的心境，但穷人却无法靠近。"

我还没说完，就引起巨大反响。听众们喊道："不同意！

不同意!"我拼命辩解,没想到要让对方理解,居然那么费力。

　　我提醒过各位,有人自始至终都买不到著名的器物与画作,那他就必须认清,自己难以和坚守传统的茶人交往。

　　说到茶人们梦寐以求的茶具,3世纪之前诞生的茶具必在此列。无论出自谁手,基本都是上品。就算是外行人制作的茶勺、茶碗与竹花瓶等,若是留存至今,也会被人们珍藏。因为它们都具备美术价值与艺术价值,展现了茶道的魅力。

　　正因如此,眼尖之人见到这样的茶具,就会难以忍耐。他们心潮起伏,垂涎如此珍宝,甚至不禁产生占有欲。这样的茶具如果被卖到市集之类的地方,就一定会落入有钱人之手。就算穷人中有独具慧眼之士,有喜好风雅之人,也没有办法。

　　不过,偶尔也有惊人的珍宝流落民间。某人在废品商店发现了某物,人们会添油加醋迅速传播此事。这样的事情时常发生。也经常能够看到,就连有一定地位的人也会用奇怪的眼光盯着杂货铺的柜台。这个领域的现实情况就是这样。

　　有一些人不在意囊中羞涩,只因觉得自己拥有慧眼,就来到旧货店大街。多亏了他们,旧货店大街总是很热闹。然而这些"慧眼派"的人中,不少人到头来只能买便宜货,

把一生的快乐压在奇怪的茶碗上，走火入魔。这个话题暂
且打住。如今，一件茶具卖到几万、几十万的天价，穷人们
虽然感到可惜，也只能放弃，退出这个领域。

我一贯主张，茶若是没有名画、名品，就背离茶道了。
从这个观点来看，这不是穷人能够涉足的领域。

若想在茶的世界学习古人之心，通过茶道陶冶情操，
培养点茶技，成为优雅的人，那就必须具备以下条件：进
入教授茶道的美术综合大学，用一生来学习茶道。这样说
来，准备教材与资料绝非易事。首先，必须把著名的画作
和器具带到教室，这样才能成为教授茶道的老师。如果一
家茶道学校没有著名的画作与器具，那就成教人制作解渴
饮料的营养学校了吧？就算用茶粉，如果用加了咖啡的茶，
或是加红茶的新饮料，那也和茶道精神及茶道趣味没什么
关系。若只喝着咖啡与红茶，却毫无意义地模仿茶道礼仪，
谁见到都会感到不快吧？

尽管如此，茶道不仅达到鼎盛了，而且之后也热度不
减。有一些人虽然毫不理解茶道，却直接开始点茶，他们
对茶道的误解是茶道流行的原因。对此，不能轻视职业茶
人的责任，这些看似江湖艺人的职业茶人给人们带来误解。
现在，出现了很多职业茶人，但他们抓不住要点，也出现
了太多宗师，他们近乎江湖艺人。这些人内外勾结，官商
串通，拼命捞钱，这也是茶道流行的原因。

如今，已经不会要求每位职业茶人都能削出美丽的茶

勺，制作竹花瓶了。现在的要求是，即便不能写一手足以
制作成挂轴的漂亮书法，也要能辨认古代书法的真假，会
大致鉴赏茶具。如果有人请求的话，能在题名函上写下与
茶人身份相符的不俗而优雅的字迹。

我刚刚说与茶人身份相符的字，是佯装懂茶之人与没
有开悟之人难以接近的境界。能做到这一点的是深刻领悟
书法之道的人，或是深刻理解茶道，对茶人的书法有共鸣
的人。他们都接近大师的境界，眼力极高。

比如，我认为在字上，千利休的悟性不及千宗旦。千
宗旦的字更接近茶道。

我认为，近些年人们的字看似玄奥，却缺乏茶的精神，
十分公式化，很聪明，却不自由，真是可怜啊。那种熟练却
拙劣的字，实在称不上是名人的作品。

尚在人世之人中，我认识两位极好茶事且好思考茶道
学说之人。一位是松永安左卫门，另一位是小林一三。前
者的字既具天分，又含茶香。后者虽博学，但从字来看，悟
道尚浅。字的关键就在于是否成功悟道。

我想顺便评价一下茶人的字。钝翁、本牧和青山等人
是业余茶人中的大家。这些人的字都给人半茶半咖啡的感
觉，还有人半途而废了，他们的字都没达到大师的境界。
即便拥有满屋名品的著名茶人也是如此。有些人想要无视
著名的器具，而空谈茶，这真是难以想象，他们离茶道还
很远。不过，在此我想补充一句，我认为，人不论贵贱，都

能真正进入茶的世界。

我越是忌惮别人的看法，就越着急，就想抓着爱茶之人，促进他们提升审美能力。这是因为我希望能发现一种茶道艺术，这种茶道艺术是关于综合美的构想，茶人们以此为中心不断学习。

整个茶事构想中，若是缺乏审美，那么茶道就会崩塌，沦为谎言，毫无意义，彻底堕落。茶就会变成一种卑俗的茶。茶事难得，本应风韵高雅，此时也会变得乱七八糟，俗气十足，让人想到世界末日，知情识趣之人不得不为之叹息。看到一群人在茶道的废墟上，迷信一般地祈求茶水煮沸发出松籁般的声响，而其中，大多数是清纯可爱的少女，我便会感到真是悲惨啊。

房屋、庭院、书画、茶具等，这些都与茶有关，与茶不可分割。前人在三百年前创立了美术思想。上述的每件物品都把这种美术思想当作生命。我们研究并努力理解这种思想，洞察古人的本意。古人身上有许多值得我们学习的地方。我们只有忘我地崇敬茶事的恩德，才能真正具备慧眼。

尽管如此，却没人一心走这条路。如今，找一百个号称修炼茶艺十年之人，其中，拥有慧眼之人未必能有十人。这正体现了茶道的没落吧？甚至聚集千人，也未必能找到五十个。如今，茶迎来了全盛时期，如果有一百万人爱茶，其中，独具慧眼之人别说十万人，哪怕五万、三万都不到。

不能将这全部归罪于最近的职业茶人。毕竟追根究底，是他们老师的责任。我反复强调，只有拥有审美的慧眼，才能真正享受茶的乐趣。若是盲人摸象，穷尽一生，也无法成为受人崇敬的高雅之人。

他们虽然也有可取之处，但固守自己狭隘的学问，认为那就是自己的目标。这是歧途。塙保己一[1]尽管是优秀的学者，却不能成为茶人。因为想要理解美，就必须有审美的眼睛。他组织五六个盲人扮演主客，训练刚刚开始学习的学生，但即便为此付出一生，也不能真正进入茶道的世界。用一套书画器具的替代品，训练刚刚开始学习的学生，这永远都不会为自己的学问发展打下基础。

我如此焦急的原因是，我认为，探索茶道的人都有初衷，那个初衷纯洁而美好。但许多人遇到巨大的灾难——不伦不类的教导，陷入歧路，永远无法触及茶道，这真是悲伤啊。一年半载的茶道学习居然沦为出嫁的工具，这真是令人震惊。最近听说，猴子能开电车。我对这两件事情震惊的程度不相上下。

1 ◎塙保己一（1746—1821）：江户后期日本学家，幼年失明。

不审庵——
太宰治

茶道什么也不需要。
在口渴时，
来到厨房，
用舀子从水缸中舀起水，
咕咚咕咚地大口喝下，
这就是最棒的了。

敬启者：

　　盛夏时节，阁下可好？此次，老生致信问候阁下，同时讲讲近日的感想。话说，老生最近又开始练习茶道了。说"又"，是因为我如果说自己突然着手茶道，您可能认为我在装样子，定会露出苦笑吧？不瞒您说，老生自幼喜欢茶道，生父孙左卫门先生带老生入门，向老生传授多年茶道。悲哉，老生天性迟钝，未能探明其中真正的趣味，不仅如此，老生举手投足甚是粗野，十分寒碜。老生与生父都很震惊。孙左卫门先生去世后，老生虽好此道，却得不到指导，加之周围的世俗琐事缠身，出于无奈，逐渐远离此道。祖先传下来的茶具也被一个个卖掉，如今，老生与茶道几乎无缘。不过，最近深有感触，时隔数十年，自己再次悄悄尝试茶道，体会到一点茶道的奥义。

　　天地之间，不论朝野，人若为各自的天职劳费心力，就一定需要娱乐来慰劳自己。这确实是本然之理。若是人类的娱乐活动中没有风雅与高尚之处，那就只剩下浅薄的趣味，像下等动物吃东西流口水那样。老生认为，人类乃万物灵长的原因是：每个人能根据自己的爱好，一心钻研所好之事，或是诗歌管弦，或是围棋插花，或是能乐舞蹈。虽说如此，茶道最能让人们超越贵贱之别与贫富之差，成为真正的朋友，亲密来往，还能让人们不失行为之礼，谈吐有度，注重节俭，拒绝骄奢，适当饮食，主客一同尽享清雅的和乐。从前，在戎马倥偬，武门竞勇，人们顾不上风雅之事的时代，只有茶道仍流行着，滋养英雄的心灵。听说，似乎有人昨日还相互仇视，今日就以兄弟相称。茶道确实最看重谦逊的品德，抵制骄奢之风。一个人若是理解此道，便会谦虚谨慎，永远保持与他人的友谊，也不会沉迷酒色，不必担心贻误自身，自毁其家。因此，在相关书籍中可以清楚地看到，无论是侍奉在天皇左右之人，还是武士，志存高远之人都会学习此道。

最初，五山的僧人从中国带回茶道。那是很久以前，也就是镰仓幕府初期的事情。这种说法已经近乎定论。传记中可以看到，足利家首任将军[1]召集佐佐木道誉等大小侯伯，在京都举办茶会。不过，这种茶会摆满奇珍异宝与美味佳肴，极尽华美，崇尚奢侈之风，这尚且难以称得上理解真正的茶道。根据相关书籍，到了足利义政时期，村田珠光提出真之行台子[2]，并把这传给武野绍鸥，武野绍鸥又

---

1 ◎也就是足利尊氏（1305—1358），日本室町幕府第一代将军。
2 ◎真之行台子：一种茶具架。

将这传给利休居士。这位利休居士侍奉太阁秀吉，创立了草庵茶。自此，茶道在日本盛行。名门豪户竞相奔赴茶道。不过，这时候，茶道的主旨是：不随意模仿那种陈列奇珍异宝，崇尚奢侈豪华的做法，而是在闲静雅致的草庵中设席，新旧精粗的器物搭配摆放，以淳朴为主旨，重视清洁，让人们认真修行礼让之道，简化主客应酬的仪式，却保留雅致，不流于富贵与骄奢，不陷入贫贱与鄙陋，各安其分，尽享趣味。这就是它的奥义，如今正值战争时期，思来想去，这应该是最合适的娱乐吧。老生近来略微修炼此道，突然察觉其中奥义。若是将这样的快乐藏在心底，毫无益处，实在可惜。因此，老生想邀请平时亲昵的两三位年轻朋友，在明天下午两点，开个小茶会，诚邀各位拨冗莅临。像阁下这样想成为艺术家的人，一定期待，流水不浊，奔湍不腐，心境日新。阁下可以期待，出席茶会将会让阁下的精神焕发新活力，绝对不虚此行。我相信，阁下定会欣然应邀。

　　顿首。

　　今年夏天，我收到黄村老师的这封信。黄村老师是个什么样的人呢？我此前已经多次介绍过他，这里就不重复了。不过，他经常给我们这些后辈带来不错的教导，他偶尔也会失败，总之，应该可以称他为悲痛的理想主义者。黄村老师邀请我去茶会。虽说是邀请，却是近乎命令般的强硬要求。无论我愿不愿意，都得出席。

　　然而我很土气，从未去过茶会这样高雅的场合。我如此不懂风雅，黄村老师邀请我去茶会，或许，我那难看的举止会被嘲笑，被指指点点，还会被叱咤，受到教训。我绝不能大意。拜读先生的来信后，我立刻外出，来到附近一位优雅的朋友家中。

　　"你有没有讲茶会的书呀？"我经常向这位优雅的朋友借书。

　　"这次是关于茶的书啊。大概有吧。你也读了很多东西啊。这次是茶呀。"朋友一脸好奇。

　　我借了《茶道读本》与《茶道客人须知》等四本书，然后回家从头读到尾。我读了茶道与日本精神；闲寂幽静的心境；茶道的起源与发展史；村田珠光、武野绍鸥与利休的茶道。原来茶道如此复杂啊。茶室、庭院、茶器、挂轴、怀石料理菜单，读着读着，我产生兴趣了。我曾以为，茶会就只是老老实实地喝杯茶，原来并非如此，还有各种美味的菜肴和酒。

　　但如今正值战争时期，怎能如此浪费？而且冒昧地说一句，黄村老师看起来也不富裕，我也不能期待有什么美味，大概就能喝到一杯薄茶吧。不过，仅仅看着这个写满美味的菜单，我就很快乐了。最后是茶会客人须知事项，现在对我而言，这是最重要的部分。为避免在茶会的席上犯大错而被先生叱咤之类的事情，我必须提前仔细自学、钻研。

　　首先，收到邀请时，要立刻表示感谢。正式的做法是
去茶会主人的家里致谢，但也可以写信致谢。不过，千万
不要忘记，在信中写明"当日必定出席"。这一"必定"甚
至是利休的"客人行为之步骤"的奥义。我用快递把感谢
信寄给黄村老师了。我把"必定"二字写得特别大，实际
上不必写这么大。到了茶会当天，客人们会在茶会主人家
的玄关集合，决定座次，但大家要一直保持安静，不可大
声闲聊，也不可旁若无人地大声傻笑。然后主人会接客人
们进去，应当小心翼翼地膝行进入。入席后，首先要来到
茶釜前，仔细查看茶炉和茶釜，并感叹。然后膝行到壁龛
前，上下打量壁龛中的挂轴，要看似自然地小声感叹："真
是美丽啊！"然后回头询问主人挂轴的来历，不可嗤笑，要
一脸认真地请教，这样主人就会很高兴。询问来历时，不
可问得太深。比如，在哪买的？多少钱？不是假货吧？借
来的吧？多疑而固执地提这种问题，会招人烦。还要赞
美茶炉、茶釜和壁龛，这也是至关重要的事情。忘记此事
的话，就会看起来很傻，人们也会认为他不配做茶会的客
人。如果是夏天，就会用风炉代替地炉。风炉不是指用来
洗澡的"据风炉"³。茶会上当然不会有洗澡的设备。可以
认为那是一种高级的小炭炉。客人要赞叹风炉、茶釜和壁

----

3 ◎据风炉: 指洗澡桶，其结构与风炉相似，桶的下方安有炉灶，用来加热。

炉，然后观赏初炭礼法。主人向炉子添炭，客人膝行靠近观看，并再次深深感叹。以前有人会拍腿叫好，但那太夸张了，现在已经不这么做了，赞叹即可。接着，还要赞叹香盒等等。然后终于到了品尝怀石料理和饮酒的环节了。不过，黄村老师大概会省略这个步骤，直接让我们喝薄茶吧。正值战争时期，也不能期待奢侈一把。黄村老师在这个时候召开极其朴素的茶会，一定会严厉地教导我们这些后辈。我随便看了看怀石料理的礼节。只有品薄茶的方法，我仔细地自学了。我的预想果真中了，尽管如此，这次茶会实在太过简单，而且发生了极其糟糕的事情。

我只有一双珍藏的藏青色新袜子。茶会当天，我穿上这双袜子出门。《茶道客人须知》中写着，即便服装不合适，也一定要穿新袜子。我坐省线，在阿佐佐谷站下车。从南面的检票口出来时，听到有人喊我的名字。两位大学生站在附近，他们都是黄村老师的弟子，是文科大学的学生。我和他们面熟。

"呀！你们也收到邀请了呀。"

"是呀。"较为年轻的濑尾同学撇了撇嘴，点头肯定。他看起来十分沮丧，说道："好苦恼啊。"

"是不是又要被批评了？"松野同学今年大学毕业，立即申请加入海军。他也非常沮丧，说道："突然开始学习茶道，我完全做不到啊。"

"哎呀！没事呀！"我给这些愁眉不展的大学生打气，

"没事，我来之前钻研了一番。今天你们就跟着我做，一定没错。"

"这样啊！"濑尾同学似乎又有了一点精神，"实际上我们都指望着你呢。从刚才就在这儿等着你。我们想着，你一定也收到邀请了。"

"哎呀，你们这么指望着我，我也有些难办啊。"

我们三人有气无力地笑了起来。

老师总是待在厢房。厢房有两间屋子，一间屋子有六张榻榻米大，面向庭院，与其相连的另一间屋子有三张榻榻米大。老师总是独占这两间屋子。他的家人们都住在正房。他们偶尔会为我们拿来粗茶和炖南瓜等，此外，很少见到他们。

那天，黄村老师在面向庭院的六张榻榻米大小的房间里，穿着兜裆布，闲躺着看书。我们三人诚惶诚恐地向长廊走去，他看到我们，一下子就起来了。

"哎呀！你们来了呀，天很热吧？你们上来，把衣服脱了吧，不穿衣服很凉快哟。"他似乎完全忘了茶会。

但我们不敢大意，不知道老师心里打着什么算盘。我们并排站在长廊前，一言不发，恭敬地行礼。先生脸上闪过惊讶的神色，但我们没有在意，依次膝行进入外廊。我看了看房间，屋里没有风炉，也没有茶釜，就是平时的样子。我有些慌张。伸脖子看了看旁边三张榻榻米大小的房间，发现在房间的角落里有个快坏了的小炭炉，上面放着铝制水壶，那个水壶被熏得又脏又黑。我想着，就是这里！于是缓缓膝行进入那个房间。其他学生也觉得不能落后，紧跟在我身边膝行。我们并列坐在小炭炉前，把双手放在榻榻米上，紧盯着小炭炉和水壶。没有想到，三个人同时自然而然地叹了口气。

老师用不高兴的语气说道："不用盯着那种东西看。"但我们不知道老师心怀多深的计谋，也不敢大意。

"这个茶釜……"我想询问来历，但又想不到怎么说，就说了一句很不合适的话，"用旧了吧？"

"别说没用的话。"老师越来越不高兴。

"不过，应该有些年代了吧……"

"别说没用的奉承话了。四五年前，我在车站前面的五金商店花两块钱买的。居然还有人要赞扬这种东西。"

情况似乎不对。不过，我还是想坚持遵守《茶道读本》所教的正确礼法。

欣赏茶釜后，要瞻仰壁龛。我们聚到六张榻榻米大小的房间的壁龛前，观赏挂轴。与以前一样，这里挂的依然是佐藤一斋先生的书法。黄村老师好像只有这一幅挂轴。我低声读出挂轴上的文字。

"寒暑荣枯天地之呼吸也。苦乐宠辱人生之呼吸也。达者何必惊其至遽哉。"

前些日子，老师刚教过这句话怎么读，我轻松地读出来了。

"真是好句啊！"我又说起了拙劣的奉承话，"笔迹也很优雅。"

"你说什么呢？你不是前些日子还挑毛病，说这是假的吗？"

"是这样吗？"我羞红了脸。

"你们是来喝茶的吧？"

"是的。"

我们退到房间的角落里，正襟危坐。

"那就开始吧。"老师站起来，走进旁边三张榻榻米大小的房间，紧紧关上隔扇。

"接下来要做什么呀？"濑尾同学小声向我问道。

"我也不太清楚。"不管怎样，情况似乎完全不对，我极度不安，"若是一般的茶会，接下来要观赏初炭礼法，欣赏香盒等，然后主人会拿出丰盛的饭菜和酒，然后……"

"还有酒啊？"松野同学看起来很开心。

"不，鉴于目前的形势，应该会省略这一步。一会儿应该有薄茶吧。接下来应该是欣赏老师制作薄茶的手艺吧。"我也不太自信。

旁边的房间传来咕噜咕噜的奇怪声音。也有茶筅搅动茶的声音，但即便如此，那声音也过于野蛮和嘈杂了。我凝神倾听。

"哎呀！您是不是已经开始制作了呀？按规矩，这一定要让我们瞻仰一下啊。"

　　我忐忑不安，隔扇关得很紧。老师究竟在做什么呢？一直传来咕噜咕噜的嘈杂声，偶尔混杂着老师的叹气。我们过于不安，便站起来。

　　"老师!"我隔着隔扇喊道，"我们想瞻仰您的手艺。"

　　"不许，不许打开!"老师用沙哑的声音回答道。他似乎很慌乱。

　　"为什么啊?"

　　"我马上端茶过去。"他更大声地说道，"不许打开隔扇!"

　　"但您似乎在呻吟啊。"我隔着隔扇，看不清屋里的情况。我想稍稍打开隔扇，老师似乎在里面使劲按着，隔扇纹丝不动。

　　"打不开吗?"申请成为海军的松野同学自告奋勇说，"我来试试。"

　　松野同学使劲拉隔扇。里面的老师似乎也在拼命按住隔扇。刚打开一点，就又"砰"的一声关上了。就这样，推来推去四五次，隔扇"咔嚓"一声被挤开，我们三个人一下子倒进去了。老师为避开倒下的隔扇快速退到墙边时，踢翻了小炭炉。水壶翻倒，整个房间充满蒸汽。

　　老师大叫"烫烫烫烫烫"，仿佛在赤裸着舞蹈。我们立刻开始收拾小炭炉溅出的火。我们询问老师怎么样，有没有受伤。在六张榻榻米大小的房间里，老师穿着个兜裆布，毫不客气地盘腿坐着，呼哧呼哧地说道："这场茶会实在太

糟糕了。总而言之，你们太野蛮，太没礼貌了！"他特别不
高兴。

我们收拾完三张榻榻米大小的房间，战战兢兢地列坐
在老师面前，一起道歉。

"但那是因为您在呻吟，我们担心……"我刚开口辩
解，老师就不满地说道："哦。我在茶道上的修炼还不够。
无论用茶筅怎么搅动，都不能打出丰富的泡沫。重复做了
五六次，一次也没成功。"

老师似乎用茶筅全力乱搅，三张榻榻米大小的房间
里都是薄茶沫。房间中央放着个洗脸盆，盆里满是绿色的
薄茶，他似乎把失败的茶倒入洗脸盆了。原来如此，我才
察觉老师的苦衷，这个样子确实要关上隔扇，避免被人看
到。不过，手艺如此不靠谱，还想"主客一同尽享清雅的
和乐"，这也太鲁莽了。毕竟，理想主义者不擅长实行。不
少理想主义者都像黄村老师这样，做什么事情都事与愿违，
总是失败。"须知，所谓茶道，就是烧开水，点茶，饮下而
已。"这首和歌被称为千利休的遗训。从各方面来看，在这
次的茶会上，老师希望展示这首和歌的精神。千利休定下
了七条规则，其中包括"夏天要保持凉爽，冬天要让人感
到温暖"，或许老师从中得到启示，特意穿得很凉爽，只穿
了兜裆布吧。不过，各种差错叠加起来，这场茶会就变得
很糟糕了。真惨啊！

几天后，我收到黄村老师的来信。信中写道：

　　茶道什么也不需要。在口渴时，来到厨房，用舀子从水缸中舀起水，咕咚咕咚地大口喝下，这就是最棒的了。这就是利休茶道的奥义。我完全同意这一奥义。

第四章 ※ 茶话

无论多么擅长烧制陶器，若是没有为人着想的心，就毫无作用。

利休与远州——
薄田泣菫

摔碎茶器时，
他也摔碎了千金难换的骄傲与执着。

一

　　从前，堺市的豪商中，有一位不知姓名的茶人。为了赶时髦，他花了大量的金子，在一家熟悉的旧货店买了一个肩冲[1]，这个肩冲名为"云山"。他想，哪怕是太阁珍藏的北野肩冲与德川家[2]引以为傲的初花肩冲，都不会比这个肩冲更漂亮。于是，他希望当时著名的茶人能肯定并赞美云山，从而让它出名。

　　机会来了。一天，他召开茶会，邀请了当时的大师——千利休。

　　茶会的主人早已多次向千利休吹嘘过这个茶罐了。主人端着方形茶盘，上面放着那个茶罐，千利休接过茶罐，目不转睛地看着它。这位主人焦急地等待着著名的大师说出赞美之词，眼里仿佛有火焰在熊熊燃烧，目光跟着千利

　　1◎肩冲: 盛浓茶粉的茶罐，因为肩部有明显的翻折，所以被称为"肩冲"，意为"有肩"。
　　2◎德川家: 在丰臣秀吉统治时期，德川家是拥有广阔领地与巨大权力的家族。

休的眼神，在茶罐的罐口和花纹上反复游走。

　　利休常常透过物体的外形，审视物体的本心，基于它的本心，体会它的和谐。他刚见到这个肩冲的时候，就不喜欢它的心境。不过，利休平时会留心，尽量不漏掉事物的美。他反复观察手中的茶罐，想要找出隐藏的美。肩膀都酸了，还是难以找出。茶罐的花纹也有问题。简而言之，这就是一个具有强烈虚荣心的作品。

　　利休默不作声，安静地把肩冲放回茶盘。这时，利休发现，主人一直用锐利的目光盯着自己。主人的眼睛中闪耀着傲慢与强硬的光芒。那一瞬间，利休在主人的表情中读出了茶罐的心境，也在茶罐的外表中品出了主人的心态。

　　主人十分得意地等待着利休张口，而利休一言不发。狭小的茶室里毫无声响，令人感到窒息。

　　热水静静地沸腾着。不知何时，主人卸下了强硬的表情，露出有求于人的可怜神色。利休敏锐地发现了这个变化，但没有表现出来。利休曾遇到过这样的事情，有一次，他去参加前田玄以的茶会，茶会的主人，也就是前田玄以，拿出一个罐身很高的茶罐，询问道："这个肩冲如何呢？"

　　茶罐的罐身很高，但前田玄以却没有察觉到这一点，不断翻转茶罐，询问利休的意见。利休那时没有告诉他罐身很高，忍住笑意，默不作声。这得罪了前田玄以。后来，千利休听说，前田玄以暗中诽谤他，最后还尝试向太阁进谗言。千利休很清楚，在这种情况下，沉默往往会给自己带来意外的灾难。但他想到，自己是茶道大师，举手投足都会作为茶道的规范流传下去，而且自己的一句话就是对器物真正价值的最终判定，所以不能乱讲话。于是，利休只是沉默着。

茶会结束后，利休便离开了。主人似乎不久前好不容易平复心情，这时，他把云山肩冲放在自己的手掌上，呆呆地看了一会儿，突然将它摔到了火炉的火撑子上。"啪"一声，肩冲摔得粉碎，碎片飞溅开来。

"您在做什么呢？居然摔碎如此名贵的茶器。"两位客人震惊地望着主人的脸庞。他们尚未离开，刚才还在高兴地闲谈。

主人没有做出任何回答，静静地拿出羽毛帚，清扫四散的茶粉。

两位客人似乎有些不高兴，疑惑地问道："您为什么这么生气呀？甚至还摔毁了如此珍贵的茶器。"

"因为利休今天完全没有赞美这个茶器，珍藏……"主人强行忍住自己激动的心情，努力缓缓呼吸，一词一词用力说道："珍藏这样的茶器，真是千古耻辱啊！"

骄傲的主人说出这样的理由，两位客人只能面面相觑，默不作声。突然，茶室暗淡下来，阵雨吧嗒吧嗒地击打着房檐。

过了许久。"不好意思……"一位客人开口说道，"在下对此颇有兴趣，可否将这个茶罐的碎片赠予在下？"

"事到如今，对我而言，那已经是无用之物了。您随意吧。"主人用豁达的心境回答道。那位客人膝行到炉边，从炉灰中仔细地捡出茶罐的碎片。

不知何时，阵雨停了。屋里也迅速亮了起来。

二

不久后，捡走云山肩冲碎片的这位茶人举办了茶会。

利休作为客人，参加了这场茶会。当他看到茶盘上的肩冲时，露出震惊的神色。谁都能看出来，那是外行人修补的肩冲，碎片被胡乱拼接起来，有的碎片还错位了。

不过，利休惊讶的并非在这里见到有瑕疵的肩冲。毫无疑问，这个肩冲就是前些日子在堺市的豪商那里见到的云山。意识到这件事的同时，利休想起那位物主的面容：因为傲慢与强硬，他的神色宛如熊熊燃烧的火焰。

"最终摔碎了呀。"利休心想，"大多数人都会卖掉，而非摔碎吧？"

利休静静地拿起茶盘上的茶罐，仿佛刚注意到它一般说道："呀！这是前些天见过的云山吧？"仅仅因为外行人拙劣的修缮方法，以前的那种虚荣心已经从茶罐身上消失得无影无踪。在这个茶罐身上，利休看到，从前的物主已经放下对有名器物的执着了。利休似乎自言自语地说道：

"这才是最好的啊……"

三

"据说，利休评价称是最好的。"

不久，这个评价就在茶人之间传开了。接着，有传言说，利休在之前见到这个肩冲的时候什么也没说，而这次评价称最好，这是因为，修补裂缝的粗陋做工体现了茶道的奥义。

物主想："若是能得到这样的珍品，用来修养德行的话，对茶人而言，应该大有裨益吧。"便带着肩冲，向之前的物主说明缘由，想把肩冲还给他。之前的物主摇了摇头，断然拒绝。

他说："云山被我打碎，回归尘土。我从没有想过会再次遇到它。"完全没有在意此事。

四

"据说，利休评价称是最好的。"

这个评价逐渐抬高了云山的价格。从茶人到富豪，再从富豪到大名，带裂纹的云山一次次被转让。最终，关东地区的一位大名得到了云山。此时，云山已经价格不菲，声名远扬。

当时，丹后宫津的城主京极安知听说了云山。京极安知这位大名，为了茶器，别说自己的家臣，哪怕自己那小小的灵魂，也愿意出卖。

"我想要云山啊。要是有了云山，我这辈子再也不会想要别的茶罐了。"京极安知说道，深深地叹了口气。他甚至生病了。京极家请来一位大夫为他看病。这位大夫看出，自己现有的药无法治好京极安知的病。于是，大夫决定用别的方法。别的方法就是："把他想要的东西给他"。

这位大夫熟识如今的物主，也就是关东地区的那位大名，所以他迅速向那位大名说明了情况。

"京极侯特别想要云山，甚至因此生病了。这真是可怜啊。他这么想要的话，也不是不能给他。但利休赞美说云山是最好的，而且这已经是我家珍藏的宝贝了。若是少于两驮³金子，就无法割爱了。"这位大名笑着说道。

这个人比京极安知聪明一些，没有一上来就拒绝要求，而是回答说，拿出两驮金子才能商量。他想着，两驮金子就是一万二千两，京极家领地很小，京极安知尽管很想要云山，但也只能退缩吧。然而，京极安知常常沉迷于器物，在他看来，为此花那么多钱，也算不了什么。他从大夫那里知晓了情况，高兴地说道："那是利休赞美之物啊，两驮金子，很便宜吧。"

3◎两驮：两匹马驮的金子。

关东的大名没想到会这样。此时，唯一的办法就是推托称"那是个玩笑"。但平时受到的教育告诉他，作为一位大名，绝对不能说自己是在开玩笑，所以他不能这样说。于是，京极家高兴地用两驮金子，换到了云山。

京极安知不开心时，就会从双层的箱子中取出云山，然后口中嘟囔着："据说，利休看到这个，说它是最好的。"看了一遍又一遍，他的内心自然而然地充满了对藏有如此珍宝的骄傲，得到难以言说的安慰。

然而，在反复看云山时，安知发现了一件不可思议的事情。他无论如何都十分在意，茶罐碎片接合得很粗糙，有的碎片还相互错位。

"草率才是好的，这才体现了茶道的奥义呀。"

他在心里不断重复着世间的评价，但他的审美与鉴赏能力受到了长期的训练，这种审美鉴赏能力逐渐反抗世间的评价，他的内心感到不满，叫喊着："虽说如此，这个瑕疵……"他想，如果能把错位的碎片重新安到正确的位置，这个茶罐就会更漂亮了吧？

带着这种想法，他去请教了自己的茶道师傅，也就是小堀远州。

小堀远州拿起云山，仔细观察。

"京极侯所言有理，但……"

在那个瞬间，远州想起世间的传言："据说，利休说是最好的。"虽然有不能理解之处，但之前的大师留下这样的话，支持这种说法也没什么问题。

于是，远州回答道："这个茶罐接缝不整齐，正因如此，利休觉得它有趣，世人追捧它。请就这样小心保存吧。"

五

不久后，远州去世了。

远州漂泊在荒凉的、灰色的死亡之国，偶然在大树的树荫下，见到了一位老人。那位老人身着带有桐花花纹的窄袖便服，披着小袄，戴着倒向右侧的角头巾，脚踏没有后跟的破草履，拄着拐杖，向远方望去。看到老人这样的姿态，远州立刻想起了茶道大师千利休。从前，千利休亲自把自己的木像放在大德寺的山门上，后来太阁下令把那个木像丢到船冈山。远州曾见过几次那个木像。

"请问您是利休大师吗？"远州用自己创造的远州派言谈举止，恭敬地问道。

利休的眼神比较悲伤，他无精打采地询问道："您是哪位呀？"

"我叫小堀政一，是一名茶人，属于您这一派。"

"您是一位茶人呀。那真令人钦佩啊。"利休的语气中充满了怀念之情，他露出生前鉴定茶器时的神态，目不转睛地盯着远州的面容。

看到这样的神态，远州突然想起一件事情，于是靠近老人的耳朵说道："大师，我想借着在这里遇到您的机会，向您请教一件事情。"

"你想问什么呀？"年龄比自己小的人询问事情时，许多老人都装腔作势，想要刁难人，而利休并没有这样，他看起来十分羸弱，甚至令人心生怜悯。

"实际上，我想向您请教云山的事情。"

"云山？"老人仿佛怎么也无法理解这个名字，反问道："请问云山是哪位呀？"

"云山是肩冲的名字。"远州稍稍露出笑意。

"肩冲？肩冲的话……"老人孤寂的面容上仿佛燃起了火焰。说话时也变得有力量了。"我知道太阁珍藏的北野肩冲、德川家的初花肩冲等等。但我并不记得云山肩冲。"

远州有些着急，抬高了声音说道："以前，堺市的豪商珍藏着这个云山肩冲，因为您没有对它作出评价，所以豪商把它摔到火撑子上了……"

老人终于想起来了，回答道："啊！确实有这么一件事情。不过，您为何要问这件事呢？"

远州接着说道："后来，外行人粗糙地修补了这个茶罐，您看之后大加赞美，说那才是最好的。""不对，不是那样的。"老人晃着树枝般的手，打断了远州，"我赞美的是物主豁达的心境。摔碎茶器时，他也摔碎了千金难换的骄傲与执着。仅此而已。"

"那么，您没有赞美茶罐啊……"远州目瞪口呆，盯着老人的脸庞。

"对,没错。我赞美的只是他的心境。"老人断定道。

听到老人的回答,远州立刻想起世间对那个茶罐的评价,也想起现在的物主京极安知找自己商量时的场景。远州想到自己的回答,不由得红了脸。

老人似乎完全没有注意到远州的变化。

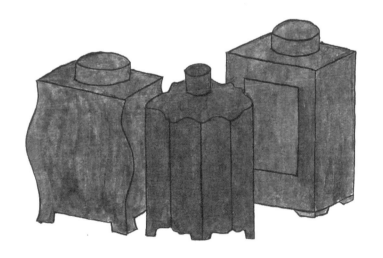

主君的茶碗——

小川未明

轻薄的茶碗是上品，
所以自己就得用这样的茶碗，
这真是又麻烦，
又愚蠢！

　　从前，在某个封国中，有一位著名的陶器师。他家代
代烧制陶器，即便是遥远的其他封国，也听说过他家制作
的陶器。每一代店主都会认真研究从山上采集的土壤。这
家店还雇用了优秀的画师和大量员工。

　　他们制作很多东西，比如花瓶、茶碗等。几乎所有来
到这个封国的游客，都会来一趟这家陶器店，而且很快就
会迷上这家店。

　　人们望着其中的陶器，感慨道："这盘子实在太美了！
这茶碗也是……""买来当礼物吧！"每位游客都会买个
花瓶，或是茶碗。不仅如此，这家店的陶器还乘船远渡
他国。

　　一天，一位身份很高的官吏来到这家店。他把店主叫
出来，自己仔细地查看陶器。

　　官吏说道："确实，烧制得不错，每个都制作精巧，又
轻又薄。这样的话，应该可以让你们来做那件事。实际上，
我今日来此的目的是，想让你们制造主君使用的茶碗，制
造时要仔细谨慎。"

陶器店的店主是个老实人。他感到很惊讶，回答道："这实在是无上的荣耀啊！草民制造时会万分小心。"并对官吏表示了谢意。

于是，官吏就回去了。然后，店主召集店铺里所有的人，告诉他们这件事。"我们奉命为主君制造茶碗，这是至高的荣誉啊！你们必须竭尽全力，造出最高级的茶碗。"店主又叮嘱道："官老爷也说了，轻薄的茶碗，才是好茶碗。没错！陶器就是要轻，要薄。"他向大家强调了许多注意事项。

耗费数日，终于做好了主君的茶碗。恰好，那位官吏也来到了店里，他问："还没做好主君的茶碗吗？"

店主回答说："草民正想今天给您送过去，屡次劳您大驾，真是太对不起了。"

"那茶碗一定又轻又薄吧？"

"请您看看。"说着，店主奉上茶碗。

这是一个轻薄的上等茶碗。雪白的质地，近乎透明，上面还印着主君的纹章。

"确实是上品啊！声音也很不错。"官吏把茶碗放在手上，用指甲弹了弹。

店主恭敬地躬身，对官吏说道："已经不能更轻、更薄了。"

官吏点点头，吩咐店主尽快把茶碗呈给主君，便离开了。

店主穿上整套正式的和服，把茶碗放在精致的箱子中，怀抱着这个箱子，把它送到了主君那里。

人们开始议论说，这个镇子上有一家著名的陶器店，最近，这家店为主君精心制造了一个茶碗。

官吏把茶碗呈到主君面前，恭敬地说道："日本有一位著名的陶器师，这是他精心为您制造的茶碗，尽量造得又轻又薄。不知可合您意？"

主君拿起茶碗，果然又轻又薄，仿佛手中没拿东西。"什么决定了茶碗的好坏？"主君问道。

官吏答道："所有的陶器都以轻薄为贵。厚重的茶碗实在不入流。"

主君点点头，没有再说什么。自那日起，人们就用那个茶碗来给主君准备膳食。

主君心性坚韧，即便感到痛苦或烦忧，也不会说出来。而且作为一国国君，他也不会为小事所动。

最近，因为使用新制的轻薄茶碗，进三餐时，主君总是感到很烫手，但忍耐着，不表现出来。

他的脑海中出现了许多想法。一度怀疑："莫非必须忍耐这样的痛苦，才能欣赏精美的陶器吗？"也曾想过："不，并非如此。应该是臣子出于忠义之心，让我每日忍耐这样的痛苦，从而提醒我不要忘记苦痛。"有时又想着：

"也不对，应该是因为，大家相信我很坚强，不在乎这种小事。"

然而每到用餐时，一见到那个茶碗，主君就很不高兴。

有一次，主君去山区旅行。那个山区没有足以供主君留宿的客栈，所以主君就住在农民的家里了。

农民虽然不会说什么奉承话，但很为人着想。对此，主君感到很高兴。农民很想献些东西给主君，但山区交通不便，没有可以敬献的东西。不过，主君为农民的诚意感到欣喜，高兴地吃了农民准备的食物。

当时正是深秋，天气寒冷，可口的热汤让身体暖和起来了。茶碗很厚，一点也不烫手。

此时，主君感到自己的生活真是令人心烦。茶碗无论多轻多薄，都没什么变化。轻薄的茶碗是上品，所以自己就得用这样的茶碗，这真是又麻烦，又愚蠢！

主君端起农民的茶碗，仔细地观察，问道："这个茶碗是谁制造的？"

农民感到很愧疚，立刻低头赔罪："这茶碗太粗陋了，实在对不起。"老实的农民继续说道，"用这么粗陋的茶碗来给您盛汤，非常抱歉。这是之前在镇子上买的便宜货。这次您能光临寒舍，真是三生有幸，草民还没来得及去镇子上买上等的茶碗。"

　　主君说道："你在说什么呢？你们这么亲切地招待我，我很高兴，我从来都没这么高兴过。我每天都因为茶碗而心烦。从没使用过这么方便的茶碗。如果你知道这是谁制造的，就告诉我吧。"

　　农民感到很惊讶，回答道："草民也不知道是谁制造的。这种茶碗一定出自无名之辈。那人做梦也想不到，您能使用他造的茶碗。"

　　主君回答道："或许，你说得也对。但那真是位了不起的人啊，把茶碗造得正合适。他知道茶碗用于盛放热茶和热汤。所以使用之人就可以安心地喝热茶和热汤了。一位陶器师，即便举世闻名，若是没有这样的想法，那就一点用也没有。"

　　旅行结束了，主君回到了自己的宫殿。许多官吏恭敬地迎接他。主君心里深刻地记得，农民的生活是多么简单，多么悠闲，他们不讲奉承话，真心待人。他永远也不会忘记这些事情。

　　到了吃饭的时候，饭桌上又出现了那个轻薄的茶碗。主君一看到它，脸色便沉了下来，心想："从今天开始，又要挨烫了。"

　　有一天，主君命那位有名的陶器师来自己的宫殿。陶器店的店主心想："之前为主君造过一个茶碗，主君定是要夸我呀！"开心地去造访主君。然而主君平静地告诉他："你是制陶的名人，但无论多么擅长烧制陶器，若是没有为人着想的心，就毫无作用。多亏了你烧制的茶碗，我每天都很痛苦。"

陶器师感到很羞愧，便离开了府邸。从此，这位有名的陶器师开始制造厚重茶碗，成为一名普通的工匠了。

文福茶釜——
楠山正雄

虽说人的欲望没有尽头，
但贪得无厌是坏事。

一

　　从前，在上野国的馆林地区，有一间寺院，名为茂林寺。这间寺院的一位高僧很喜欢茶道，搜集了许多奇特的茶具，时常玩赏。

　　有一天，这位高僧为办事去了一趟镇上。回来的路上，他在旧货店看到一个茶釜，他很喜欢这个茶釜的形状。于是，高僧迅速将其买下，带回寺院，放在自己的房间。他常常让来访者看这个茶釜，还自豪地询问别人："怎么样？这茶釜不错吧？"

　　一天夜里，高僧像往常一样，把茶釜放在起居室，在它的旁边打瞌睡。不久，他就睡熟了。

　　高僧的房间太过安静，小沙弥们想着，是不是发生什么事了？就悄悄地从隔扇的缝隙往里望了望。他们看到，高僧旁边的垫子上的茶釜，居然自己动起来了！正当他们惊讶时，茶釜中突然探出一个脑袋，生出粗尾巴，长出四只脚，它开始慢吞吞地在房间里走起来了。

　　小沙弥们十分震惊，冲进房间，喊道：

"喂！醒醒！出事了！茶釜成精了！"

"大和尚！大和尚！茶釜在自己走路啊！"

他们疯狂叫喊，声音很大。于是，高僧被吵醒了。

"好吵啊，你们为什么这么吵啊？"高僧一边揉眼睛，一边问道。

"大和尚，您看！那个茶釜在走路啊！"小沙弥们回答道。于是，高僧看向小沙弥们指的方向，茶釜没有头，也没有脚。茶釜已经变回原来的模样了，而且不知在什么时候，仿佛什么都没发生过一样，坐回垫子上了。高僧怒斥道："什么啊，说傻话也要有个限度。"

"但好奇怪啊，它明明走路了。"说着，小沙弥们一脸不可思议地靠近茶釜，敲了敲它。茶釜发出"哐"的声音。

"看吧，就是个茶釜吧。我好不容易睡个好觉，你们说这些没用的话，把我叫起来。"

小沙弥们被狠狠地训了一顿，都很沮丧。他们嘴里发着牢骚，退了出去。

有一天，高僧说："特意买的茶釜，只看的话，也挺无聊。今天就试用一下吧。"于是向茶釜里注水。明明是个小茶釜，却能一下子倒进整整一桶水。

高僧感觉有些奇怪，但也没有发现其他奇怪的地方，就放心地继续加水，并把它放在地炉上。过了一会儿，茶釜下部越来越热，茶釜突然喊道："好烫啊！"然后跳出地炉。在他惊讶之际，茶釜探出脑袋，伸出四只脚，长出粗尾巴，旁若无人地在房里走来走去。"啊！"高僧大叫一声，不禁跳了起来。

"天啊！天啊！茶釜成精了！来人啊！"高僧十分震惊，大声叫喊。

"来了！"小沙弥们缠着头带，拿着笤帚和掸子冲进来了。但这个时候，茶釜已经变回原来的样子，仿佛没发生任何事情一样，坐在垫子上。敲一敲，便发出"哐哐"的声音。

高僧依然一脸震惊，心想："本以为买了个好茶釜，没想到惹上麻烦事了。那究竟是什么东西啊？"

恰好这时，门外传来"收废品啦！收废品啦！"的声音。

高僧说道："啊！收废品的人来得真是时候。我就赶紧把这个茶釜卖给他吧。"并赶紧把收废品的人叫进来了。

高僧拿出这个茶釜，收废品的人接过它，摸了摸，敲了敲，又翻过来看了底面。

"这是个不错的茶釜呀。"他说着，买下这个茶釜，把它放进废品筐里带走了。

二

收废品的人买下茶釜后，回到家都还在笑。

　　他自言自语地说道:"这是个好东西啊,最近都没遇上这么好的东西。必须想办法找到喜欢茶具的有钱人,卖个好价钱。"那天晚上,他小心地把茶釜放在枕头边上,然后酣然入睡。

　　到了半夜,不知哪里传来了呼声:

　　"喂喂,收废品的先生,收废品的先生。"

　　他猛然睁开眼睛,枕头旁边的茶釜不知何时探出了毛茸茸的脑袋和粗尾巴,拘谨地坐在那里。收废品的人吃惊地跳起来。

　　"啊!天啊!茶釜成精了!"

　　"收废品的先生,不要那么惊讶啊。"

　　"我怎么能不惊讶啊?茶釜长毛,还能走路,谁能不惊讶?你到底是什么呀?"

　　"我叫文福茶釜。实际上我是一只貉子,变成茶釜了。有一天,我去一片原野上玩,五六个男人来追我。我没办法,就变成茶釜,躲在草丛里,但还是被那些人看到了。他们说,茶釜!是茶釜!得到好东西了,把它卖了的话,大家就可以买好吃的了。然后我就被卖到旧货店了。我被放在店门口,那里特别挤,也不让我吃东西。正当我快饿死的时候,寺院的高僧把我买回去了。在那间寺院,我可算喝了一桶水,我咕咚一口就喝下去了。正当我喘口气,休息一下时,突然被放在地炉上,火烧我的屁股,这实在太可怕了。我在那里一直精神紧张。您是个很亲切的好人,可不可以让我在这里待一段时间，给我吃的和喝的呀？我一定会报答您。"

"这样啊，好，你可以待在这里。但你说报答我，你打算怎么做呢？"

"我会表演节目，会各种有趣的杂技，可以为您赚很多钱。"

"你说杂技，那是要做什么呀？"

"我现在可以表演走钢丝这种惊险杂技，还会跳喜庆的舞蹈。您快别收废品了，当杂耍艺人吧。明天开始就能赚很多钱哟。"

听到它这么说，收废品的人很是心动，于是按照茶釜的建议，不收废品了。

第二天黎明，他就开始为杂耍做准备。首先在镇上的繁华地带，开了一间杂耍棚子，挂起一个大牌子，上面画着文福茶釜走钢丝和跳舞的样子。他自己一个人兼任团长和看门人。

"注意啦！注意啦！传说中的文福茶釜长出毛发，生出手脚，表演走钢丝这种惊险杂技，还会跳喜庆的舞蹈。奇事呀！奇事呀！"他在棚子门口喊道。

奇特的牌子和有趣的介绍吸引了经过的人们，人们纷纷进入杂耍棚子。不一会儿就满座了。

过了一会儿，梆子声响起，幕布上升，文福茶釜从后台悠然地走出，跟大家打招呼，这是它在这里的首场演出。

这个妖怪是个巨大的茶釜，长着手脚，这出乎人们的意料。观众们惊讶地瞪大眼睛，不禁喊道："啊！"

这已经很令人吃惊了，但事情不只如此。那茶釜妖怪一手撑着油纸伞，一手打开扇子，双脚踏上钢丝。它灵活地调整笨重的身躯，顺利完成了走钢丝的表演。观众们越发佩服它，喝彩声简直能把棚子都震倒。

之后，无论表演什么，文福茶釜都会采用奇特的形式，观众们很高兴，纷纷感慨："第一次见到这么有意思的杂耍。"

表演结束后，大家纷纷离开了。从此，文福茶釜的名声越传越远，附近的人自不待言，还有人为了看它表演，从遥远的他国穿着草鞋来到这里。每日每夜，杂耍棚子都爆满。不久，那位收废品的人就成了大富翁。

过了一段时间，收废品的人想："文福茶釜像这样帮我赚钱的话，也没有个尽头，现在就让它休息吧。"于是，有一天，他叫来文福茶釜，对它说道：

"你已经尽力做了很多事情，多亏了你，我成为大富豪了。虽说人的欲望没有尽头，但贪得无厌是坏事。因此，从今天开始，就不让你表演了，我想把你送回茂林寺。不过这次，我会拜托高僧，别把你当成普通的茶釜，放在火上烧，而是视为寺院的珍宝，把你放在锦缎垫子上，让你安适地隐居。如何？"

文福茶釜答道："这样呀，我也确实很疲惫，那请让我稍微休息一下吧。"

于是，收废品的人带着文福茶釜，又带上表演的一半收入，去拜访茂林寺的高僧。

"哎呀！它真是奇特啊。"高僧说着，收下了茶釜和金钱。

文福茶釜或许是太累了，睡着了，从此再也没有生出手脚，也再没跳过舞。它成了这间寺院的宝物，流传至今。

茶道心得——
梦野久作

“真是……太对不起了。”
我沮丧地低下了头。

　　时隔许久，再次来到东京，到处都令我很吃惊。没有
声音的红绿灯让我手忙脚乱；汽车很便宜，这让我安心不
少；警视厅的警察很亲切，真是惊人啊。这类事情不胜枚
举。我感觉受到了冲击。快回故乡时，我和某人一起造访
了益田孝男爵，这位男爵住在相州小田原市的板桥地区。

　　益田男爵可谓是三井财阀的大久保彦左卫门[1]，还是日
本最优秀的茶人之一。别说著名的经济界大亨，就连相当
有名的茶道大师，也无法轻易拜访他。若是能迈进他家的
外廊，那就是一辈子的荣耀。不过，无论对金钱还是对茶
道，我都没有兴趣，也没有追求。可谓是个极其偶然的机
会，我什么也不懂就来到这里，所以哪里称得上是一辈子
的荣耀啊。相反，在短短一小时内，我似乎就留下了一辈
子的耻辱。

　　我说"似乎"，是因为实际上我也不知道到底怎么样。
不禁越发汗颜。

---

1 ◎ 大久保彦左卫门（1560—1639）：江户初期武将，侍奉了德川家三代
将军，对德川幕府有巨大的贡献。

　　我家老爷、一位富豪还有我，三人相继下车。正值二月末，天上飘着乌云。大门是用稻草葺成的，很有寺院的风格。我们正向这个大门走去，益田翁就笑着出来迎接我们，他穿着黑色西服套装，头戴茶道宗匠的头巾，脚踏庭院用鞋。我家主人身穿西服，头戴老人头巾，站在最前面。益田翁的装扮和他风格相同。我心中感叹，莫非益田翁派了密探？不过，我丝毫没有感到不快。

　　他家建得比普通百姓家更讲究，更像是百姓的家。走廊上放着手纺车和捣衣槌。没有庭院，只有得到细心照料的菜地，那里种着菠菜和卷心菜等。入口挂着一幅画像，那画像上画着微笑的老翁，那老翁和益田男爵一模一样。

　　在泥地房间的正中间，炉子里有新鲜的黑色稻草灰，还有巨大的硬木炭，硬木炭一块压一块，形成三角形，每一块都有一端离地。天花板被熏黑了，一个纯黑色的活动吊钩吊在天花板下，周围放着绳子，还有铺着凉席的椅子等。我环顾四周，也不知道到底哪里讲究。看起来像是茶人的拷问工具。

　　来到举行茶会的房间，我发现一切都很和谐，从炉子的边缘到自在钩[2]，还有鸣叫的茶釜、旧手提火盆、形状奇特的陶瓷烟灰缸。不知为何，我感到心情愉悦。若是能鉴别每个器物，一定会为之震惊吧。我家老爷不断提问，

- -
2 ◎自在钩：用于固定水壶，使水壶能自然地悬于炉上。

我感到很佩服。但即便听了讲解，我也不太懂。真是难为情啊。

"哎呀！最近西洋人热衷于日本研究呀！来我家的人中，西洋人想坐在榻榻米上，而日本人则想在泥地房间的椅子上伸腿休息，抽抽雪茄。这真是反过来了，哈哈哈哈。我去横滨的时候看到，西洋人穿着日式礼服，一只手抱着装豆子的盒子，嘴里说着'福到家里来，祸到家外去'[3]，我感觉很奇怪，就询问了一下。原来那是在研究日本呀。哎呀！这个世道，真是有趣啊。哈哈哈哈！"

淳朴的主人一边同我们亲切交谈，一边将我们带到茶席上，然后端出怀石料理。至今为止，我只听说过怀石料理，心中充满敬畏，仔细看着饭菜。在饭食方面，主人似乎也为我们着想了。我清楚地知道，这些食物与普通饭菜没有区别，所以感到很安心，也有些吃惊。主人引以为傲的高粱面包非常好吃。接着端上了粗制米饭、冬葱味噌汤、凉拌豆芽、银鱼汤、醋拌美国干鳟鱼。每个菜都很少，一口就能吃完。不久，我就饱了，撑得我眼泪都要出来了，这时候，陆续端出上述菜品的后半部分，我很惊讶。我想着，吃怀石料理是不是不能这么早喝茶呀？我好像听说过，怀石料理要吃得一点不剩，内心很是迷茫。不管怎样，先拿筷

---

3 ◎ 日本有这样一项民俗：在立春前一天，一边念着"福到家里来，祸到家外去"，一边撒豆子。

子夹起食物，逼自己咽下吧。

　　接下来，我家老爷拿出礼物。那是不知哪里生产的柿饼。主人看到那柿饼，说道：

　　"不知是否给您添麻烦了，看到这柿子，我很想喝杯茶。"

　　于是，他拍了拍手，身着长袖和服的美丽少女从隔壁房间过来，她把双手放在榻榻米上，优雅地向我们行礼。我内心抱怨着，干吗要带柿饼这种多余的东西啊。正当我这么想着的时候，她煞有介事地开始点茶了。

　　我家老爷说道："不好意思，希望您准备薄茶。"

　　因此，每个人的面前摆上了薄茶。包括主人在内，其他的三人每人喝了两杯。我摇头拒绝了。柿饼这种东西，在乡下也能吃到，毫不稀奇。后来我打听了一下，就算出于客套也应该吃一个，一个不吃，就扫了主人和我家老爷的颜面。这种事情，我做梦也想不到啊，实在没有办法。早知这样，我就吃五个，甚至十个柿饼了，但现在已经来不及弥补了。

　　主人把我们送出门。我乘上汽车时，心生谢意，感谢主人那亲民的做法，感谢他那善意的行为。拜访其他贵族时，我会感到严重的压迫感，而在他这里，我完全没有感到，这令我十分赞叹。我不禁觉得有必要学习茶道，正在这个时候，我家老爷回头看着我说道：

　　"你似乎不太了解茶道，所以我希望给我们薄茶。如果是浓茶的话，就要三个人传杯饮用，而你坐在末席，就必须知道怎么清理。"

　　"真是……太对不起了。"我沮丧地低下了头。

在等待的时候，喝一口茶吧。

图书在版编目（CIP）数据

喝茶的哲学 /（日）冈仓天心等著；张语铄译. --长沙：
湖南文艺出版社，2022.4
（日本美蕴精作选）
ISBN 978-7-5726-0246-7

Ⅰ. ①喝… Ⅱ. ①冈… ②张… Ⅲ. ①茶文化—日本—通
俗读物 Ⅳ. ①TS971.21-49

中国版本图书馆CIP数据核字（2021）第125246号

喝茶的哲学
HECHA DE ZHEXUE

作　　者：冈仓天心　太宰治　吉川英治 等
译　　者：张语铄
出 版 人：曾赛丰
责任编辑：徐小芳
封面设计：八牛·设计
内文排版：M°° Design
出版发行：湖南文艺出版社
　　　　　（长沙市雨花区东二环一段508号 邮编：410014）
印　　刷：长沙超峰印刷有限公司
开　　本：880 mm × 1230 mm　1/32
印　　张：8.5
字　　数：168千字
版　　次：2022年4月第1版
印　　次：2022年4月第1次印刷
书　　号：ISBN 978-7-5726-0246-7
定　　价：48.80元
　　　　　（如有印装质量问题，请直接与本社出版科联系调换）